シリーズ 戦争学入門

軍事戦略入門

アントゥリオ・エチェヴァリア 著

前田祐司 訳

創元社

Antulio J. Echevarria II, *Military Strategy*

Military Strategy was originally published in English in 2017. This translation is published by arrangement with Oxford University Press. Sogensha, Inc. is solely responsible for this translation from the original work and Oxford University Press shall have no liability for any errors, omissions or inaccuracies or ambiguities in such translation or for any losses caused by reliance thereon.

シリーズ「戦争学入門」序言

好むと好まざるとにかかわらず、戦争は常に人類の歴史と共にあった。だが、日本では戦争について正面から研究されることは少なかったように思われる。とりわけ第二次世界大戦（太平洋戦争）での敗戦を契機として、戦争をめぐるあらゆる問題がいわばタブー視されてきた。

そうしたなか、監修者を含めてシリーズ「戦争学入門」に参画した研究者は、日本に真の意味での戦争学を構築したいと望んでいる。もちろん戦争学とは、単に戦闘の歴史、戦術、作戦、戦略、兵器などについての研究に留まるものではない。戦争が人類の営む大きな社会的な事象の一つであるからには、おのずと戦争学とは社会全般の考察、さらには人間そのものへの考察にならざるを得ない。

本シリーズは、そもそも戦争とは何か、いつから始まったのか、なぜ起きるのか、そして平和とは一体何を意味するのか、といった根源的な問題を多角的に考察することを目的としている。確認するが、戦争は人類が営む大きな社会的な事象である。そうであれば、社会の変化と戦争の様相には密接な関係性が認められるはずである。

「軍事学」でも「防衛学」でも「安全保障学」でもなく、あえて「戦争学」といった言葉を用いるのも、戦争と社会全般の関係性をめぐる学問領域の構築を目指しているからである。

具体的には、戦争と社会、戦争と人々の生活、戦争と法、戦争をめぐる思想あるいは哲学、戦争と倫理、戦争と宗教、戦争と技術、戦争と経済、戦争と文化、戦争と芸術といった領域を、理論――「横軸」――と歴史あるいは実践――「縦軸」――を文字通り縦横に駆使した、学術的かつ学際的なものが戦争学である。当然、そこには生物学や人類学、そして心理学に代表される人間そのものに向き合う学問領域も含まれる。

戦争と社会が密接に関係しているのであれば、あらゆる社会にはその社会に固有の戦争の様相、さらには、あらゆる時代にはその時代に固有の戦争の様相が現れる。そのため、二一世紀には二一世紀の社会に固有の戦争の様相、さらには戦争と平和の関係性が存在するはずである。問題は、戦争がいかなる様相を呈するかを見極めること、そして、可能であればこれを極力抑制する方策を考えることである。その意味で本シリーズには、「記述的」であると同時に「処方的」な内容のものも含まれるであろう。

また、本シリーズの目的には、戦争学を確立する過程で、平和学と知的交流を強力に推進することがある。

戦争学は、紛争の予防やその平和的解決、軍縮および軍備管理、国連に代表される国際組織によるさまざまな平和協力・人道支援活動、そして平和思想および反戦思想などもその対象とする。実は戦争学の射程は、平和学と多くの関心事項を共有しているのである。

よく考えてみれば、平和を「常態」とし、戦争を「逸脱」と捉える見方は誤りなのであろう。なるほど戦争は負の側面を多く含む事象であるものの、決して平和の影のような存在ではない。その意味において、戦争を軽視することは平和の軽視に繋がるのである。だからこそ、古代ローマの金言に「平和を欲すれば、戦争に備えよ」といったものが出てきたのであろう。

戦争をめぐる問題を多角的に探究するためには、平和学との積極的な交流が不可欠となる。戦争を研究しようと平和を研究しようと、双方とも学際的な分析手法が求められる。また、どちらも優れて政策志向的な学問領域である。戦争学と平和学の相互交流によって生まれる相乗効果が、世界が複雑化し混迷化しつつある今日ほど求められる時代はないであろう。

繰り返すが、「平和を欲すれば、戦争に備えよ」と言われる。だが、本シリーズは「平和を欲すれば、戦争を研究せよ」との確信から生まれてきたものである。なぜなら、戦争は恐ろしいものであるが、簡単には根絶できそうになく、当面はこれを「囲い込み」、「飼い慣らす」以外に方策が見当たらないからである。

シリーズ「戦争学入門」によって、長年にわたって人類を悩ませ続けてきた戦争について、その理解の一助になればと考えている。もちろん、日本において「総合芸術（Gesamtkunstwerk）」としての戦争学が、確固とした市民権を得ることを密かに期待しながら。

シリーズ監修者　石津朋之
（防衛省防衛研究所 戦史研究センター長）

目次

プロローグ　9

第1章　軍事戦略とは何か？……11
1　軍事戦略の分類　12
2　軍事戦略の策定　16
3　軍事戦略の実践　18

第2章　殲滅と攪乱……26
1　殲滅戦略　28
2　攪乱戦略　35
3　攪乱戦略と「間接的アプローチ」　40

第3章　消耗と疲弊……46
1　消耗戦略　48
2　疲弊戦略　54
3　消耗・疲弊戦略の採用　62
第4章　抑止と強制……66
1　抑止戦略　69
2　強制戦略　77
第5章　テロとテロリズム……86
1　戦略テロ爆撃　89
2　テロリズム　96
3　新たなテロリズム？　103
第6章　斬首と標的殺害……107
1　定義　108
2　斬首戦略　115

3 標的殺害戦略 121

第7章 サイバー・パワーと軍事戦略……127

1 サイバー戦争 128
2 サイバー・パワー 133
3 サイバー戦略 135

第8章 軍事戦略の成否を分けるものとは?……140

1 軍事戦略の成功要因とは? 141
2 軍事戦略の失敗要因とは? 145

訳者解説 148
参考文献 160
索引 165

装丁 濱崎実幸

プロローグ

一九七五年、ベトナム戦争終結の交渉のさなか、とある米国の大佐と北ベトナムの大佐の間で交わされたとされる短いやりとりが、優れた軍事戦略の重要性を示している。この時、米国側の大佐であったハリー・G・サマーズ・ジュニアはこう述べた。「分かっているだろうが、貴方は決して戦場において我々を打ち負かしたのではない」。相手方である北ベトナムのトゥー大佐は一瞬思案してから答えた。「そうかもしれないが、それは関係ないのだ」。

このやりとりは、ベトナム戦争中の米軍の戦略思想の欠点を強調するため、頻繁に（ひょっとすると頻繁すぎるほどに）引用される。戦争に勝つこととは、単に戦闘に勝つことではない。勝利に意味を与える軍事戦略が必要なのである。米国は貴重な資源を費やして、ベトナム戦争における主要な戦闘で数多くの勝利を収めたが、結果としては戦争に負けただけであり、その原因の一端は米国の軍事戦略の支柱を成していた前提にあった。

勝利を確実に保証できる軍事戦略など存在しないが、不適切な戦略はほぼ確実に失敗を招く。決定的な成功が得難いとしても、適切な軍事戦略によって好ましい結果を得る公算を高めることはできる。軍事戦略はいかなる類の紛争や武力行使においても重要である。核兵器やサイバー空間など革新的な技術によって新たな可能性や制約が生じてきているが、優れた戦略を有することの重要性は失われていない。

第1章　軍事戦略とは何か？

軍事戦略とは、敵方の戦闘能力と意志を削ぎ、我方《わがほう》の目的を達するまでそれを継続する営みである。それは戦時にも平時にも発生し、直接的または間接的に脅しとしての武力行使を伴うこともある。敵方の戦う能力と意志を減少させるのは常に相対的な問題である。つまり、戦闘の始まるはるか以前から軍事力の量的または質的な優勢を築いておくことにより、相対的な優位を達成することができるのである。

軍事戦略ないし戦略は歴史上さまざまに定義されてきたが、戦略家の主な仕事は実質的に変わっていない。平たくいえば、我方の目的を達する見込みがより高まるよう、敵の強みを減殺しつつその弱みを利用することである。実のところ戦略とは、相手を出しぬくことに尽きる。最初の武力衝突の前から、しばしば戦闘が終結したずっと後まで、軍事面のみならず外交面でも、そして可能ならば経済や文化の面でも、相手を出しぬくことである。争いの範囲が世界的であろうと地域的であろうと、関連する利害の大小にもかかわらず、これは当てはまる。

軍事戦略は範囲や規模や目的にかかわらず、我方の強み、弱み、そして望みに対する敵方の強みと弱みを理解することから始まる。闘いが進行するにしたがって、我方の目的を修正したり、行動方針を即興で考えたりすることがしばしば必要となる。どちらかが音《ね》を上げるか、あるいは文字どおりそれ以上戦えなくなったとき、軍事戦略は終わりを迎える。

1　軍事戦略の分類

戦略の定義

歴史上の軍事戦略家らは、その営みについて多様に、しかし示唆に富むかたちで綴《つづ》っている。古代中国の軍事思想家であった孫子は、戦う前から戦闘に勝利するよう物質的・精神的な優位を得ることとして戦略を語った。スイスの軍事理論家で、かつてナポレオンの幕僚でもあったアントワーヌ＝アンリ・ジョミニのように、戦略とは「地図の上で戦争をすること」、つまり陣地的な優位を得るための術策であると述べた思想家もいる。一九世紀プロイセンの軍事著作家カール・フォン・クラウゼヴィッツは戦術と戦略を峻別し、前者を戦闘に勝つために軍隊を用いること、後者を「戦争の目的を達するために戦闘を用いること」と定義した。ドイツ人軍事指導者のなかには、一九世紀にプロイセン陸軍参謀総長であったヘルムート・フォン・モルトケ伯爵のように、勝利が達成されるまで変化する戦況に臨機応変に対応すること、と戦略を表現する者もいた。それとは対照的に、二〇世紀イギリスの軍事評論家ベイジル・リデルハート卿は、「政策目的を達するため軍事的手段を分配および適用する技巧《アート》」として戦略を定義した。また一方で、著名なイギリスの学者ローレンス・フリードマンは、戦略とは力（power）を生み出す技巧《アート》であろうと示唆している。

現代の歴史家のなかには、戦略を長期的展望と呼び、それに付随する企画《プランニング》と意思決定の必要性を強調する者もいる。コリン・グレイなど現代の戦略理論家は、戦略を「政治的目標と軍事的手段をつなぐ架け橋」として比喩的に表現している。他方で歴史家ヒュー・ストローンは、やりたいこととできることを調和させる戦略的対話の重要性を好んで強調する。さらには、戦時あるいは平時における取り組みに構造と一貫性を与える知的枠組みとして戦略を特徴づける者もいる。

戦略の定義は実に多く、専門家らは時として軍事戦略と戦略一般とを混同してしまっている。しかし、これらの多様な定義が必ずしも無用であるとか、矛盾しているとかいうわけではない。それら定義の一つ一つは、特定の歴史的・政治的なレンズや文脈を通じて戦略を歪《ゆが》めている。しかし実は、戦略の営みと不可分の関係にあって頻発する主題や活動を捉えてもいるのである。当然、その営みは戦争の遂行（the conduct of war）とともに進化してきた。たとえばジョミニの戦略の定義は、ルネサンス期の政治・軍事著作家ニッコロ・マキアヴェリが何世紀も前に戦術論として言及した内容からほとんど逸脱していない。実際、戦略（strategy）や戦争の技巧（art）、遂行（conduct）といった用語は、ほぼ同義語であったこともある。しかしハンニバルのローマに対する戦争からウラジーミル・プーチンのウクライナ侵攻に至るまで、結局のところ軍事戦略の営みとは、時代を問わず、我方の目的追及の観点から敵方の戦闘能力と意志を弱める術《すべ》を見出すことなのである。

大戦略と軍事戦略

専門家らが呼ぶところの大戦略との比較から、軍事戦略の特徴をより鮮明にすることができる。軍事戦略とは将軍の「仕事」ないしは懸案事項であり、八世紀ギリシャの「ストラテジア（*strategía*）」という言葉と長らく関連づけられてきた言い回しである。ストラテジアは、さらに古い二つのギリシャ語、「ストリテジク・エピステーメ（*streatēgike episteme*：将軍の知識）」と「ストラテゴン・ソフィア（*stratēgōn sophia*：将軍の知恵）」の精神を汲んでいる。つまりストラテジアとは、客観的な知識と主観的な技能の組み合わせであった。これとは対照的に、大戦略は「国家元首の懸案事項」として考えられ、将軍の仕事はその一つの側面を成すにすぎない。

大戦略家も軍事戦略家も、我方の目標の性質が攻撃的であるか防御的であるかにかかわらず、敵対勢力を出し抜こうとする点は同じである。大戦略家は通常、同盟や連合を組むことによってこれを行う。すなわち我方の力を相手と比べて増強ないしは維持するために、条約や合意をとりつけるのである。軍指揮官は、そのような協力関係や合意によってもたらされる物質的・精神的優位を利用し、具体的な軍事戦略を組み立てる。大戦略家は、差し迫った武力紛争の潜在的な損失と期待される便益を考量し、前者を最小化しつつ後者を最大化するような条件を整えようとする。また大戦略家は、同時的に発生している軍事的コミットメントと長期的な利益との釣り合いをとり、それに応じて優先順位を設定する。それを受けて軍事戦略家は、損失が便益を上回ったり、短期的利益によって長期的利益が損なわれたりすることなく、将軍の「仕事」が成功を収めるよう努めるのである。

理想的には、軍事戦略は大戦略によって定められた範囲内で、それぞれの目標と優先順位が合理化されるよう組み立てられるべきである。しかしながら、これら戦略の二つのレベルは多かれ少なかれ、参加者と変数が頻繁に変化する「開かれたシステム」として機能する。結果、時として軍事戦略が大戦略を動かすか、あるいは単に大戦略から独立して作動することがある。この状況は、ナポレオンの例のごとく、軍事戦略と大戦略が同一人物によって体現されている場合でさえ起こりうる。それは戦争努力の一貫性という観点では有益でありうるが、一人の意思決定者に過大な負荷がかかるため、重大な不利益が生じることもある。またある時には、優柔不断な大戦略によって軍事戦略が阻害されることもある。たとえばカルタゴの長老評議会は、アフリカにおける領土獲得を望む陸の権益と、地中海におけるカルタゴの影響力拡張を望む海の権益によって二分されていた。この分断が結局、一連の対ローマ戦争におけるカルタゴの政治的意思と決意を蝕《むしば》むこととなった。

大戦略という用語は、今日の防衛に関する文献では同盟や連合の戦略、あるいは国家戦略（ないしは国家安全保障戦略）として用いられることもある。同盟や連合の戦略は、北大西洋条約機構（NATO）のような多国間パートナーシップの行動方針や目標を特定するものである。国家戦略は我方の力《パワー》、つまり外交、経済、軍事、情報の資源の合計によって達成しうる目標を打ち出すものである。たとえば冷戦中の西側の大戦略であった「封じ込め」は、NATOにとっては同盟戦略として、米国にとっては国家安全保障戦略として機能した。

現代の防衛に関する文献において軍事戦略に相当するのは国家軍事戦略であり、それを支える個別の地域や戦域における多くの戦略も含めることがある。国家軍事戦略は、ある国家がその政策目標の追求において軍事力をいかにして用いるかを説明するものである。地域戦略ないし戦域戦略は、所与の地理的範囲内における目標を達成するために軍事的資源がいかにして用いられるべきかを規定するものである。封じ込め戦略を支えた国家軍事戦略の例としては、中央ヨーロッパおよび朝鮮半島における抑止戦略や、中東およびラテンアメリカにおいて実施された数種類の強制戦略がある。このように軍事戦略は、とくにその活動が世界規模のものであって、複数の当事者が関与する場合、しばしば入れ子構造になったり、階層化されたりするのである。

2 軍事戦略の策定

現代の防衛アナリストは、しばしば軍事戦略（と大戦略）を三つの本質的な構成要素に分割する。すなわち、目的（目標）＋方法（行動方針）＋手段（資源）である。このモデルを提唱したのは元エンジニアのアーサー・F・ライカ・ジュニアで、一世代にわたる米国軍事専門家の育成に携わった。目的ないし目標は、敵に対する脅迫、抑止、説得、強制、懲罰、鎮圧、あるいは征服を含みうる。方法とは、基本的に各種の軍事戦略、またはそれらの組み合わせである。手段とは、軍事力と同義である。これらの構成要素を組み合わせた一つの例は、中央ヨーロッパにおけるＮＡＴＯの軍事戦略である。その目標（目的）はワルシャワ条約機構による攻撃を抑止することであり、それは通常戦力と特殊部隊の組み合わせ、および核兵器（手段）を含む頑強な防衛態勢を維持すること（方法）によって達成された。

ライカの方程式にリスクの要素を加える専門家もいる。それによれば、優れた戦略とは三つすべての要素（目的、方法、手段）が調和しているもの、つまり所定の「方法」にしたがい、十分な「手段」をもって「目的」を達成するものをいう。調和を求める基本的な根拠は、それがリスクを低減させるということにある。しかしながら、軍指揮官は国家元首とは異なるリスクの見方をする傾向にあり、その理由を理解することが重要である。軍指揮官は、ある任務が失敗する見込みとしてリスクを定義する。つまり、リスクが高ければ失敗の蓋然性が高いことになる。指揮官らはたいてい、何らかの方法で資源を増やすことによってリスクを減らそうとするものである。それに対して国家元首は、投資すべき、あるいはすでに投資した政治的資本の関数としてリスクを捉えている。平たくいえば、政治的資本とは、国民がその指導部に抱く信頼と信用である。投入される資源（命と金）が増えるにしたがい、政治的資本へのリスクも高まる。したがって政治指導者らは、軍事行動に割く資源（とくに人命の損失）をできる限り低く抑えたがるのである。

今日、戦略を目的＋方法＋手段＋リスクとして表すことは、安全保障コミュニティでは一般的となっている。それは政策当事者や軍人にとって、ある戦略の詳細、とくに望む目的に対して資源が十分であるかどうか、を議論する基本的な枠組みなのである。しかしながら、どれほどの軍事力があれば十分なのか、あるいはどのような時に調和がとれるのかを決定する科学的手法は存在しない。その答えは主に軍指揮官の専門的判断と、どの程度の財政資源と政治的資本の支出が内政的に許容されるかによって決まる。実のところ調和とは、美と同じように、それを見る者の目の中にあるのである。

実際、ライカの方程式ないし構造は、計画立案への出発点にすぎない。たとえばライカの方程式を用いて橋梁や、いかなる複雑な建造物をも築くことができる。戦略が計画と異なる点は、環境の性質と、敵ないしは相手の存在である。環境が競争的で敵が存在するとすれば、戦略が必要となる。そうでなければ、計画で十分である。

3　軍事戦略の実践

はたして軍事戦略が技巧（art）なのか科学（science）なのかということは専門家らの間で長らく議論されてきたし、おそらく今後も長く議論され続けるであろう。今日の軍事戦略家は戦略を実務上の営み（practice）と考えた方がよいであろう。つまり、科学の客観的知識（それが客観的である限りにおいて）と、より技巧的な主観的知識（あるいは技能）とを組み合わせることである。軍事戦略の営み、あるいはいかなる種類やレベルの戦略も、自らの目的を達するために専門的知識（何が可能かということの理解）と、社会的知性（人間の行動様式に照らして何が起こりそうかという感覚）を応用することと考えることができる。言い換えれば、目的・方法・手段・リスクの方程式では次のようなことを前提としている。つまり、軍事力によってできること・できないことを理解していること、数種類の基本的な軍事戦略を理解していること、そして目的達成のためにそれら戦略をいかに組み合わせて作戦や戦役を練り上げることができるかを理解していること、である。

軍事力とは、所与の状況下で特定の戦闘任務を遂行する能力と定義することができる。たとえば原子力潜水艦と巡航ミサイルから成る部隊は、対反乱戦の手法を要する状況では軍事力としてほとんど役に立たないであろう。同様に、装備は優れていても訓練不足の民兵では、同じような装備を有する熟練の正規軍に対して、真に軍事力として貢献するところは少ないかもしれない。

軍事力とは何か

あらゆる形態の力（power）がそうであるように、軍事力とは本質的に多元的である。典型的な分類ではランド・パワー（land power）、シー・パワー（sea power）、エア・パワー（air power）ないしエアロスペース・パワー（aerospace power）、そしてインフォメーション・パワー（informational power）、（さらに最近では）サイバー・パワー（cyber power）などがある。ランド・パワーとは、たいていは陸上にある影響力と権威の中枢に支配を及ぼす陸上部隊の能力である。シー・パワーとは、海上の交通路と交易路を支配し、軍部隊を陸上へ投射する能力と考えることができる。エアロスペース・パワーとは通常、空と宇宙（軌道の距離まで）の二つの領域において活動し、そこから戦力を投射する能力を指す。インフォメーション・パワーとは、かつてプロパガンダとか心理戦と呼ばれたものを含むようになり、現在では戦略的コミュニケーションというはるかに広い範疇へと発展した。情報は物理的な力の悪影響を増大させるか、時には抑制することができ、また標的とする聴衆《オーディエンス》に有用な印象を植え付けるのにも役立つ。サイバー・パワーとは、サイバー空間において相対的な安全性を確保して活動する能力であり、通例、情報やコードの流れを促進または阻害する能力と関連づけられる。

軍事力は、専門家が戦争の原則や作戦の原則と呼ぶものによって増強されうる。これらの原理は、時として永久かつ普遍のものと称されることもあるが、必ずしもそうではない。それらの原理によって当事者のいずれかが有利になることはあるものの、その影響の程度は状況により大きく変わってくる。軍事分野の専門文献では、次の九つの原理が最も頻出する。

軍事戦略の原理

①目標（objective）：目標を定め、あらゆる軍事行動がその達成に資するようにすること。
②機動（maneuver）：陣地的優位を得ること。
③奇襲（surprise）：想定外の方法で敵を攻撃すること。
④物量（mass）：軍事力を結集して優越すること。
⑤戦力の経済性（economy of force）：物量の結集とは逆に、副次的な取り組みには必要最低限の戦力のみを割くようにすること。
⑥攻勢（offensive）：主導権ないしは時間的優位を得ること。
⑦保安（security）：我方の戦力がよく保護されるようにすること。
⑧簡潔性（simplicity）：複雑な計画や連絡を避けること。
⑨指揮の統一（unity of command）：利害の衝突を避けるため、戦争指導を単一の政治的・軍事的権威に委ねること。

軍事力の要素は相互依存的であって、多くの場合それらを組み合わせることで各個の有効性が高まる。たとえば、陸軍や海軍が達成しなければならない任務がエア・パワーによってはるかに容易となることもあるし、逆に陸軍や海軍には、空軍にはない持続力がある。しかも、軍事力が単独で行使されることはほとんどない。通常は、ある程度の外交力、情報力、経済力、金融力と併用されるものである。民主主義社会においては軍事指導者らがこれらの要素すべてを直接統制することはないかもしれないが、他の社会ではそうとも限らない。いずれにせよ戦略家は、これらの要素が個別に、もしくは連動して、いかに作用するかを理解していなければならない。

軍事戦略の類型

軍事戦略は多種多様である。歴史上最も一般的なのは殲滅《せんめつ》（annihilation）、攪乱《かくらん》（dislocation）、消耗（attrition）、疲弊（exhaustion）、強制（coercion）、抑止（deterrence）、テロ（terror）とテロリズム（terrorism）、そして斬首（decapitation）と標的殺害（targeted killing）である。それぞれ詳述に値する。

〈殲滅戦略／攪乱戦略〉

殲滅と攪乱は、軍事戦略における「理想の結果」を表している。つまり、最小限の味方の犠牲と経済的損失をもって迅速に勝利を収めることである。殲滅と攪乱の戦略はしばしば一体となって機能するため、実際には区別が困難な場合もある。しかし、両者には決定的な違いがある。殲滅はたいてい、一回の戦闘や「電撃的な」作戦によって敵の戦闘能力の減殺を目指す。これに対して攪乱は、想定外の機動や奇襲によって困惑と混乱を引き起こし、敵の戦う意志を削がんとする。両戦略とも、一重または二重の包囲や行動テンポの高速化といった作戦機動を用いることがある。

〈消耗戦略／疲弊戦略〉

消耗と疲弊は、殲滅と攪乱の対極を成す。消耗とは敵の物理的な戦闘能力を削ることを指し、疲弊は敵の戦う意志をじわじわと削ることである。この二つの間にもまた密接な関係があり、実際には区別が難しい場合もある。とはいえ、両者には基本的な違いがある。消耗戦略は、敵の抵抗の意志が強く、物理的な戦闘能力が除去されない限り、それが揺らがないと想定している。逆に疲弊戦略は、敵の抵抗の意志が弱く、物理的な戦闘能力を破壊するまでもなく、それを挫《くじ》くことができると想定している。これらの戦略は殲滅や攪乱とは異なり、敵を打ち負かすのに多大な時間を要する場合があることを許容している。よってこれらの戦略は、我方の物質的能力と士気に多大かつ長期にわたる負荷をかけるため、多くの社会にとって理想的であるとはいえない。とはいえ、これらの戦略が重要なのは、多くの戦略がこのいずれかに収斂《しゅうれん》するため、必ずしも避けられないものだからである。一部の専門家が主張するように、消耗と疲弊は（最も残酷でもあるにせよ）最も根本的な軍事戦略であり、その他すべての種類の軍事戦略は、これら二つの亜種にすぎないのかもしれない。

〈強制戦略／抑止戦略〉

強制と抑止は、戦時のみならず平時にもみられる基本的な軍事戦略である。もし実際に戦争が勃発したとすれば、平時におけるこれら戦略のいずれか、あるいは両方が失敗したということになる。強制とは単純に敵に何かをするよう強いることであり、抑止とは敵が何かするのを思いとどまらせることである。これら二つの戦略はともに、最も高いレベルの外交から最も低いレベルの戦術まで、平時と戦時における大半の状況を動かす根本的な力学を成している。興味深いことに、これら二つの戦略に関する厖大《ぼうだい》な文献のうち、これらを単一の、しかし連関した力学として扱っているものはほとんどない。たいていは、敵に何かをするよう強いるのみで事足りることはほとんどない。軍事戦略の観点からいえば、敵が他に何かするのを抑止することも必要になる。たとえば対テロ活動や対反乱作戦は、この力学の作用を示す現代の例である。つまり、敵対するテロリスト集団や反乱分子を無力化するのが目的であるが、敵の人員補充活動を助長してしまわないような方法で行うことである。

〈テロ戦略／テロリズム戦略〉

テロとテロリズムの戦略は、恐怖の作用によって成功を企図する。テロ戦略は、敵国の国民が和平を訴えるよう、その中心地を空爆することも含む。テロリズムには多くの種類があるが、一般に、非戦闘員を選択的あるいは大量に標的として恐怖を醸成することで、当事者の行動様式に変化を強いる試みである。テロとテロリズムは両方とも明らかに強制的な側面があるが、行動させないという目的も果たしうるため、それぞれ抑止機能も有する。はたしてテロリズムが戦略なのか戦術なのかは、依然として学者の論争の的である。しかしながら近年の研究では、一般市民の認識を形成し、その行動様式を変えるためにテロ戦術を長期間にわたって用いれば、それは戦略に等しいと示唆されている。

〈斬首戦略／標的殺害戦略〉

斬首と標的殺害の行使は、二一世紀に入ってから、とくに遠隔操縦機やドローンの普及によって格段に増加してきた。斬首と標的殺害は、それぞれ攪乱と消耗から派生したものである。斬首とは、指導部を取り除くことで、ある集団を麻痺《まひ》ないしは崩壊させようとする試みである。標的殺害とは、ある組織の構成員を幹部から兵卒まで体系的に抹殺することである。これら戦略はともに、本当に効果的かつ倫理的であるのかといった問題のため賛否両論がある。

〈サイバー・パワー〉

サイバー空間の出現は、実質的に誰もが利用できる技術によって軍事戦略の遂行に変化が生じうることを如実に示している。二〇〇三年、未来派の空想家レイ・カーツワイルは、「二一世紀には、前世紀の約千倍も大きな技術革新が起こるだろう」と言明した。この予言が、将来に起こりうるイノベーションを概算したものにすぎないとしても、技術革新が巨大かつ重大なものとなりうるという点は明らかである。

技術は手段に関わるため、軍事戦略の営みにおいて死活的に重要である。当然ながら、手段は方法（あるいは何ができるか）に影響を及ぼす。いかなる状況判断においても、我方が相手を出し抜く能力について、特定の技術がいかなる影響を与えるのかを問うことは必須であるといえる。バイオテクノロジーとナノテクノロジーは、戦略の営みに間違いなく変化をもたらす新興分野であるが、サイバー空間はすでにその変化をもたらしている。今日の戦略家は、専門家らが議論を続ける「サイバー戦争」などというものが存在するか否かよりも、いかにしてサイバー・パワーを獲得および維持し、いかにそれを用いて軍事戦略を強化するかに気を配ることが必要である。

軍事戦略を成功裡に実践するには、しばしば紛争をいくつかの段階や戦役に分割する必要があり、それらが総合して戦争目的の達成へと結実すべきである。軍事戦略の営みにおいて、攪乱作戦の一部として包囲・殲滅戦を企図することによって、敵方に我方の条件を呑ませる全般的な消耗・疲弊戦略に資することもあるかもしれない。言い換えれば、将軍の技巧ないし仕事とは、こうした戦略の一つ一つが個別にどのように機能するのか、そして個々の戦略をどのように組み合わせれば最大の効果を発揮することができるのかを理解することと、大いに関わりがあるのである。

第2章　殲滅と攪乱

かつて孫子が述べたように、「故に兵は勝つことを貴ぶ。久しきを貴ばず（戦争における主目標は勝利である。長びけば武器が鈍り、士気も落ち込むためよくない）」（書き下しは金谷治訳注『新訂 孫子』岩波書店）。このため、交戦当事者の多くは迅速に勝利を収めたいと望むものである。殲滅《せんめつ》と攪乱《かくらん》の軍事戦略は、その古典的な方法である。殲滅戦略は一、二回の大会戦によって敵の物質的戦力を大幅に減殺、あるいは全滅させることによってそれを目指すものである。そのような戦闘はしばしば敵軍の包囲や、その側面を包み込むことをともなう。のちに詳述するが、例としてはカンナエの平原におけるハンニバルのローマ軍に対する勝利（紀元前二一六年）、ナポレオンによるオーストリア軍とロシア軍（一八〇五年）、およびプロイセン軍（一八〇六年）の打破、そしてマニラ湾とサンチャゴ湾における米軍によるスペイン艦隊の撃破（一八九八年）などがある。最後の米西戦争の事例は、包囲・殲滅戦の真髄として長らく称賛されている。エルウィン・ロンメルやノーマン・シュワルツコフといった二〇世紀の特筆すべき将軍たちは、彼ら自身の勝利をカンナエの戦いと比較したことで知られている。しかしながらカンナエは、戦闘に勝利しても結局は戦争に負けてしまうという古典的な落とし穴を代表するものでもある。というのも、ローマは結局その甚大な損害を乗り越え、一四年後、ザマの戦いにおいて最終的にカルタゴを打ち破ったからである。

殲滅戦略は、敵の抵抗能力を物理的に破壊することによって勝利を目指すが、それに対して攪乱戦略は、想定外の機動で敵を心理的に動揺させる奇襲によって勝利せんとするものである。以下に詳述するように、攪乱の古典的な事例は、フランスに対するヒトラーのいわゆる電撃戦作戦（一九四〇年）である。ドイツはフランスやイギリスより優れた技術を有していたわけではなく、必ずしもドイツ軍がより巧みに指揮されたというわけでもない。しかしドイツ軍は、車両縦隊では通行不能と思われていたアルデンヌの森を通って攻撃することで奇襲を成し遂げ、連合国側の備えが最も手薄だった部分を叩いたのである。

殲滅も攪乱も、必ずしも大量の流血や完全な破壊を要するわけではない。包囲や敵陣形の乱れから生じる精神的動揺によって多数が投降し、破壊が必要なくなることもある。多くの場合、これらの戦略はそれぞれ複雑な機動を行うため、十分な訓練と効果的な指揮を受けた軍部隊を要する。何世紀も前に孫子が述べたように、「是《こ》の故に、智者の慮は必ず利害に雑《まじ》う（機動には、優位と危険がつきものである）」（同前）。大きな優位を約束する行動方針は、多くの場合、大きなリスクをも包含しているものである。

1 殲滅戦略

カンナエの戦い

カンナエの戦いは、二重包囲による殲滅の古典的事例である。軍事専門家の多くが慣れ親しみ、多くの士官学校や幹部学校における戦術・戦略教育課程に含まれている。とはいえ、この戦いの人気ぶりは多くの点で不適切である。というのも、カンナエの戦いの結果としてカルタゴ優位のうちに戦争が決着することはなかったからである。ハンニバル軍(五万)はガイウス・テレンティウス・ウァロ指揮下のローマ軍(八万)に立ち向かったが、ローマ軍はその数に対して狭すぎる正面幅で陣形を構えていた。ハンニバルはこの失策に乗じて、軽装歩兵(主にガリア人)を配置した中央にローマ軍の攻撃を誘い込みつつ、歴戦の重装歩兵(主にアフリカ人)が側面に縦隊を組んだ。

ウァロは術中に陥って中央を攻撃し、見事、ハンニバルが用意していた首吊り縄に頭を突っ込んだ。ハンニバルの軽装歩兵はローマ軍の前進にあわせて後退、それからカルタゴ重装歩兵が両翼からローマ軍に接近し、さらにローマ騎兵を追い散らしたカルタゴ騎兵が後方を攻撃することで、包囲が完成した。

ローマ軍は狭すぎる空間に閉じ込められて統率を失い、結束して戦線を形成することができなかったため、すぐにカルタゴ側が一方的な優位に立った。結局、ローマ側の損害は戦死五万、さらに捕虜二万を数えた。約一万はなんとか包囲を脱出し、ウァロとともに逃げおおせた。ハンニバルは

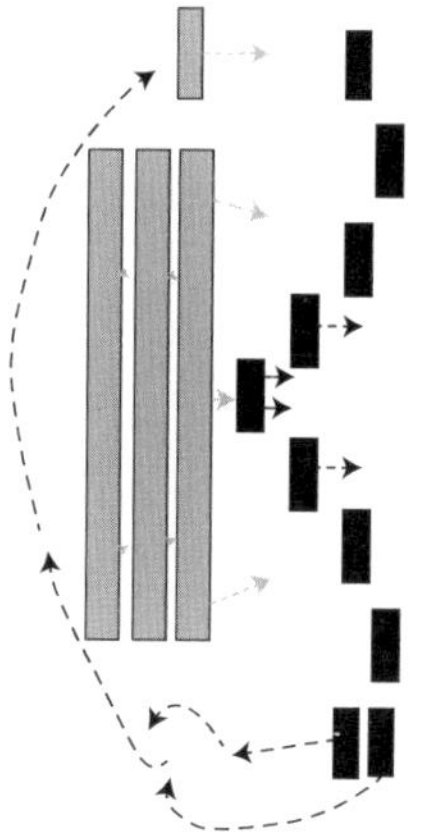

図1-1 カンナエの戦い（紀元前216年）
ローマ軍の初期攻勢

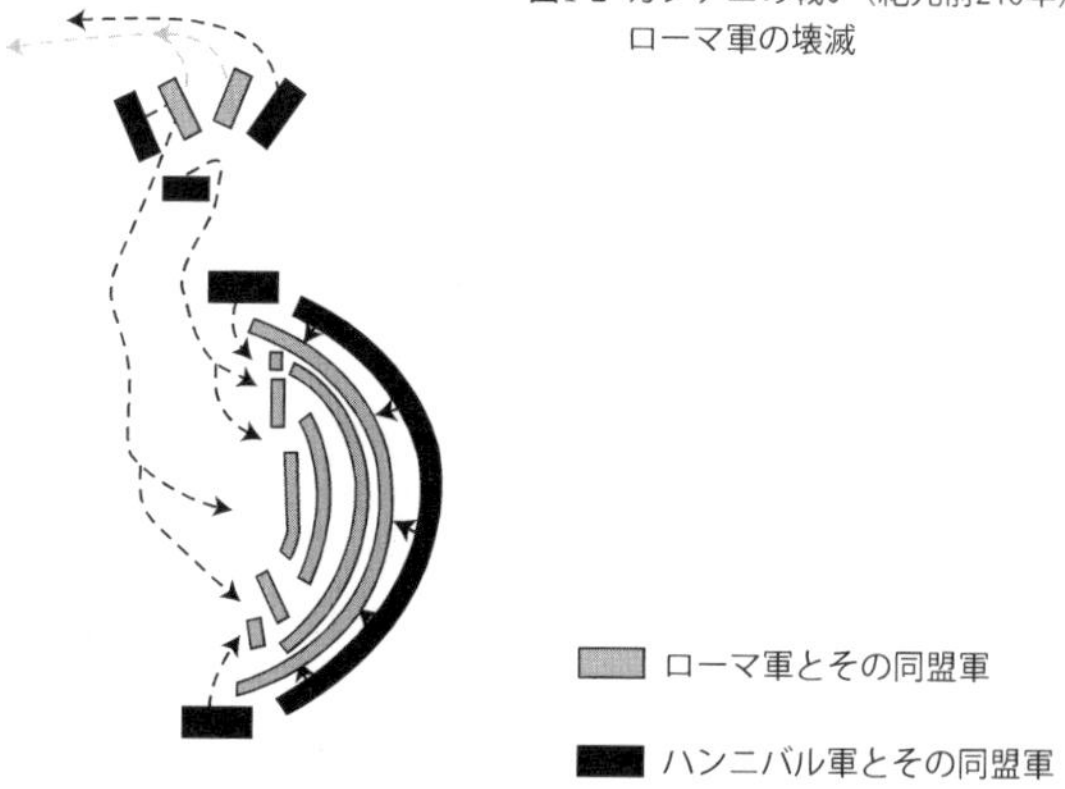

図1-2 カンナエの戦い（紀元前216年）
ローマ軍の壊滅

カンナエの戦いにおいてハンニバルは、性急なローマの将軍ウァロが正面攻撃を仕掛けてくるのを誘うよう布陣した。すなわち、ハンニバル軍中央は後退してローマ軍を深く引き込む一方、カルタゴの重装歩兵と騎兵が両翼を攻撃して罠にかけたのである。カンナエは包囲戦による殲滅という古典的戦略を代表するものである。

自軍の約一二パーセントにあたる六〇〇〇名近い戦死者と、多くの負傷者（数は不明）を出した。それは大きな犠牲をともなう勝利であったが、ハンニバルはこれでローマが交渉のテーブルにつくだろうと期待したようである。この時点でハンニバルは二年近くもローマと戦っており、ローマの軍役適齢期男性人口の一〇パーセント以上となる一〇万人ほどのローマ兵を死傷させている。

カンナエでの勝利は痛烈ではあったが、ハンニバルの期待とは裏腹に、ローマの降伏にはつながらなかった。乏しいながらも史料によれば、ハンニバルはローマを破壊するのではなく、ただその力と影響力を削ぎつつ、第一次ポエニ戦争（紀元前二六四〜二四一年）でカルタゴが失った威信と影響力を取り戻すことを目指していたようである。歴史家らによれば、ハンニバルはローマから二つの譲歩を得られれば満足しただろうと考えられている。すなわちローマからの賠償金と、地中海の一部の島々、とくにコルシカ島とシチリア島のカルタゴへの返還である。しかしローマ元老院は、カルタゴとの交渉に応じないことを票決した。ハンニバルの要求が、ローマが他民族に課すのと同様に厳しいものになると危惧したか、あるいはローマが被った実に甚大な損害について報復しなければならないと信じていたのであろう。

いずれにせよ、いかにしてローマを屈服させられるかについてのハンニバルの想定は誤っていたことになる。たしかにカンナエの戦いは戦争での勝利にはつながらなかったが、戦略的影響がほとんどなかったというと語弊がある。カンナエでの勝利によって、ハンニバルの戦略的な立場は明らかに向上したのである。ギリシャ植民地とイタリア都市国家のいくつかはすぐさまカルタゴ側に寝返り、ハンニバルが軍の作戦行動と補給を行うことのできる拠点を提供した。ハンニバルはそれらの拠点も防衛しなければならなくなったが、これらの基地によって戦略的均衡に近い状況が生じ、そのおかげでハンニバルは、ローマが新たな軍団を興《おこ》すのとほぼ同じペースで自軍に兵を加えることができるようになった。

カンナエにおけるハンニバルの勝利は、明らかに彼が望んだ結果をもたらさなかった。しかしながら、戦争の次の局面に向けてカルタゴはより好ましい戦略的立場に立つことができたのである。カンナエの戦い以降、双方は同盟国を募ろうと試み、影響力をめぐる長く苦しい闘争を続けることとなった。たしかに、ハンニバルの初期の軍事戦略は敵に関する誤った想定に依拠しており、それが誤っていると判明した場合の有力な代案も彼は持ち併せていなかった。とはいえ、「ハンニバルの誤謬《ごびゅう》」と呼ばれる彼の過失は、のちローマの歴史家リウィウスなどの批評家たちが主張したように、勝利を最大限に活かすことができなかったことではない。それはむしろ、ローマがある特定の行動をとる、つまり大敗を喫した国家が古来とってきたような行動をとると期待したことにある。いずれにせよ、カルタゴが戦争に勝てなかったのは、大戦略上の矛盾のためであった。カルタゴの大戦略は、アフリカへの版図拡大を支持した陸の権益と、地中海沿岸においてさらなる影響力を欲した海の権益によって、致命的に分裂したままだったのである。

ウルム戦役

包囲・殲滅戦略が戦争の勝利につながった例としては、ナポレオンのウルム戦役がある。それは一八〇五年の秋、オーストリアの将軍カール・マック・フォン・ライベリッヒに対して実行された。オーストリアとロシアの連合に対する武力紛争に直面したナポレオン

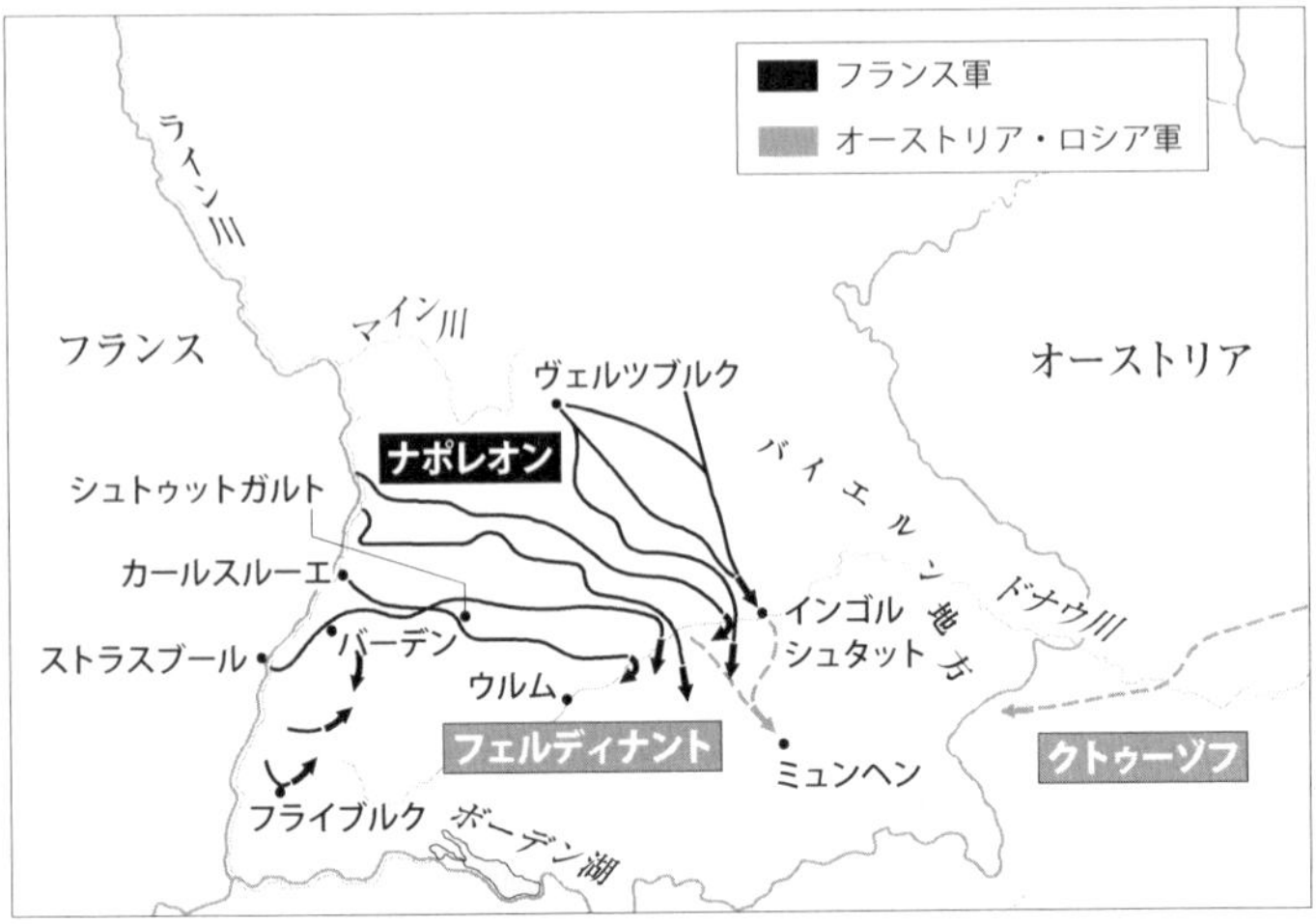

図2　ナポレオンのウルム戦役
ナポレオンはマック将軍の注意を引きつけるために、フライブルクとバーデンの間でライン川をわたって大規模な正面攻勢をかけるとみせかけておきながら、手薄になっていたオーストリア軍の右翼と後方地域に対して自軍の大部分を回り込ませた。ウルム戦役は壮大な規模の殲滅戦の好例である。

は、ロシア軍の到着まで数週間の猶予があるうちに攻勢に出て、オーストリア軍を攻撃することに決めた。彼はオーストリア軍の注意を引くため、ストラスブール付近で兵四万にライン川を渡らせ、残りの軍一六万がインゴルシュタット〜ミュンスター間でドナウ川を渡って東方および南方へ行進し、オーストリア軍の背後へ回った（*la manoeuvre sur les derrières*：後方への機動）。

この機動によってマック将軍はウィーンとの連絡経路を断たれ、オーストリア軍最高司令部は大混乱に陥った。マック将軍は何度も包囲を突破しようと試みたが、いずれも失敗に終わった。最終的に一八〇五年一〇月二〇日、マック将軍は二万七〇〇〇の兵とともに降伏し、さらに三万がすぐに同じ運命を辿った。オーストリア軍を包囲によって迅速に殲滅したことで、ナポレオンは軍を再編成してロシア軍（この時点で八万五〇〇〇）を迎え撃つのに十分な時間を稼ぐことができ、一八〇五年一二月二日、アウステルリッツの戦いにおいてこれを破った。ウルムとアウステルリッツにおける勝利によってオーストリア軍とロシア軍は粉砕されたが、フランスにもたらされた平和は長続きしなかった。これもまた、軍事戦略というより大戦略の失敗であった。ナポレオンの天賦《てんぷ》の才は後者よりも前者にあったのである。

ウルム戦役におけるフランスの勝利は、ナポレオンの卓越した統率力だけでなく、のちに自ら称したように「不運なマック将軍」の誤った判断にも原因があった。マック将軍の不幸の原因の一つは、確認のとれた情報ではなく噂に基づいて軍を指揮したことであった。つまり彼は拙速で不完全な報告から根拠のない結論を導きだし、一時はフランス軍が総退却しているとまで思い違いしていた。彼には、ナポレオンの真の意図は取り返しがつかなくなるまで分からずじまいであった。またマックは、友軍たるロシア軍の所在についても明確に摑んでいなかった。くわえて、ナポレオンは事を運ぶにあたってより効果的な軍事的手段を有していた。すなわちフランス軍は、単純にオーストリア軍よりもよく訓練され、よく統制がとれていたのである。フランス軍はナポレオンの考え出した複雑な機動を実行する卓越した能力を有していたのに対し、逆の状況下でマックの軍に同じことができたとは考えにくい。

マニラ湾海戦／サンチャゴ湾海戦

指揮と訓練さえ優れていれば殲滅戦略を完遂できるというわけではない。軍事技術に著しい不均衡がある場合にも、当事者のいずれかが一方的に有利となる可能性が高くなる。そのような不均衡が顕著であった例は、一八九八年五月一日のフィリピン・マニラ湾、および一八九八年七月三日のキューバ・サンチャゴ湾における、アメリカとスペインの艦隊による海戦である。マニラ湾のスペイン艦隊は四〇隻ほどを数えたが、近代的な軍艦とみなしうるものは一隻もなかった。米アジア艦隊（軍艦七隻）は数的に劣勢で、沿岸の砲台や海中の機雷にも直面したにもかかわらず、いとも容易《たやす》くスペイン艦隊を殲滅したのである。速力に優れる米艦船はスペイン艦隊の反撃をほとんどかわしながら、数度にわたって破壊的な襲撃を行うことができた。同様に七月三日、近代的な米艦隊は、サンチャゴ湾からの逃走を試みたスペイン艦隊（巡洋艦四隻、駆逐艦二隻）を容易く撃破した。勇気や技能といった無形の要因を考量するのは常に困難であるし、それらは双方ともほぼ等しかったかもしれないが、米艦船の技術的優位は火を見るよりも明らかで、かつ決定的となった。

しかしこの事例でさえ、敵海軍主力を迅速に殲滅しただけでは、和平を乞うよう敵に強いるには至らなかった。むしろスペイン側が講和に合意したのは、陸上戦力がマニラとサンチャゴを奪取した後のことであった。

2　攪乱戦略

電撃戦

攪乱の模範例は、「電撃戦（blitzkrieg）」として広く（そして誤って）知られるようになった第二次世界大戦中のドイツ軍の侵攻作戦であろう。公式の電撃戦ドクトリンは実際には存在していなかったが、当時のドイツ軍には陣地戦（*Stellungskrieg*）よりも機動戦（*Bewegungskrieg*）を好む理論的・実践的志向が確立されていた。一九二〇年代にドイツ軍は、第一次世界大戦時の固定的な陣地戦は異常であり、将来的には避けるべき状況であると意識的に判断した。むしろ、一八七〇〜一八七一年の対フランス戦役において勝利をもたらした諸原理への回帰を決断したのである。それら諸原理のうち最も重要だったのは、情け容赦のない前進という思想、つまり間断のない戦闘、あるいは文字どおり「明くることのない戦闘（*Schlacht ohne Morgen*）」である。一度前線を突破したら、絶えず動き回り攻撃することによって敵軍を乱し、主導権を保持して、敵がふたたび堅固な防衛線を確立することを防ぐのが機動戦の目標である。

しかしながら機動戦には、空中と地上の戦力、前方と後方の部隊、作戦と兵站《へいたん》の指揮所、そして上級・下級司令部の間で信頼性の高い連絡手段が必要であった。連絡は決まって途切れるものであり、その時には指揮官が主導して、命令なしで（ただし全般的な機動計画の枠組みの中で）行動しなければならなかった。さらに兵站は、狭域的な突破のために広域的な前進を断念することになったとしても、ハイテンポな作戦行動を支えるよう連動しなければならなかった。包囲・殲滅戦の概念は、機動戦の根本原理と容易に調和した。当時一部の評論家や従軍記者らが気づいていたように、電撃戦の手法は圧倒的な戦力というよりも奇襲の原理に基づいていたのである。

実際にドイツ陸軍の緒戦の大勝利は、敵が予想しておらず、したがって準備もできていなかった方法で武力を用いたことに起因していた。一九四〇年春のフランス陥落は、この原理の真髄ともいえる実例かもしれない。ドイツ軍主力の進撃は、大規模な機械化編隊では通行不能と考えられ手薄になっていたアルデンヌの森を通って行われた。結果、ドイツ軍の前進は攻撃開始から一〇日で英仏海峡に達し、英仏およびベルギー軍数十万が連絡・補給経路を遮断された。ドイツ軍先鋒が沿岸に達した数時間後、フランス宰相ポール・レノーは上院に告げた。「我々の古典的な戦争の概念は、新たな概念に直面した」。それは「重機甲師団の大量投入、それらと航空機との連携、さらに文民当局への電話による誤った報告と命令、パラシュート部隊の急襲によって敵後方に混乱を巻き起こすこと」をともなう概念であった。それからレノーは付け加えた。「我々が直面する課題のなかで最も重要なのは明晰な思考である。我々は、我々の直面している新型の戦争について考え、直ちに決断を下さねばならない」。「新型の」戦争に対処するために「明晰な思考」の必要性を強調している点で、レノーの演説は、フランス軍最高司令部内で混乱の感覚がどれほど顕著で蔓延《まんえん》していたかを吐露したものであった。

OODAループ

ある説明によればドイツの成功は、機動戦によって生じる流動的な状況にフランス軍よりもうまく適応することを可能とした、ドイツ陸軍の指揮系統の相対

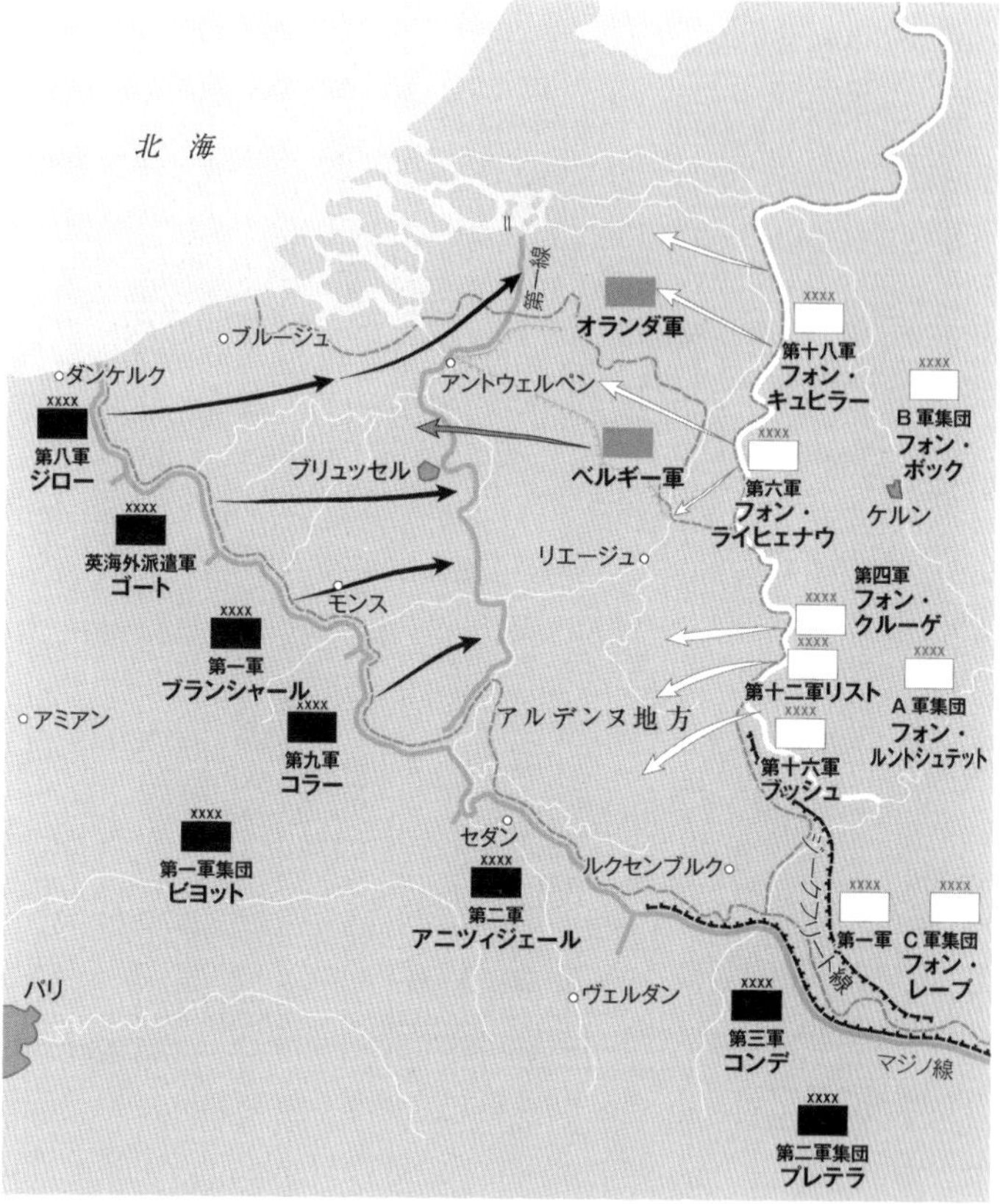

図3　第二次世界大戦中のドイツのフランス侵攻（1940年）
第二次世界大戦中のドイツのフランス侵攻は、予期せぬ方向、すなわち「通行不能」のアルデンヌの森から攻撃することで連合国軍を混乱させ、その連絡・補給経路の大半を切断した。アルデンヌ戦役は攪乱戦略の決定的な例である。

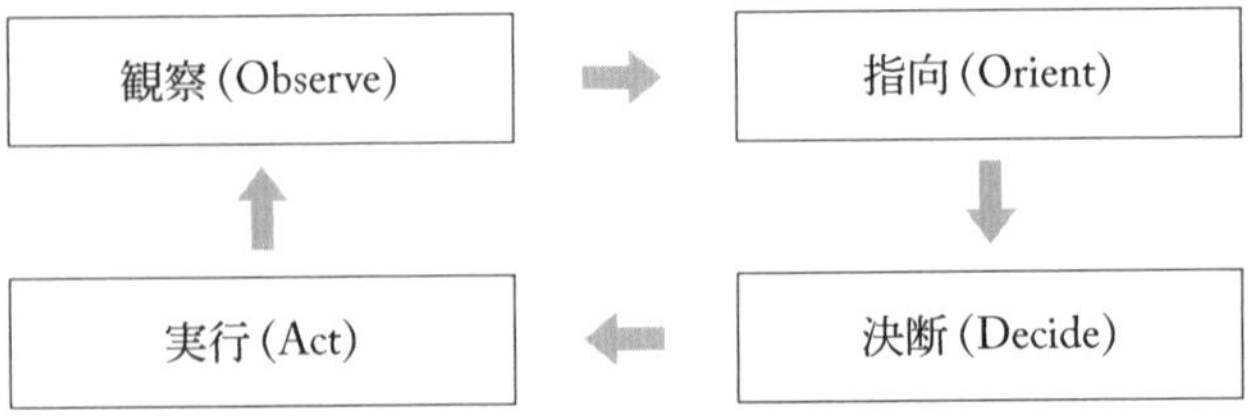

図４　**ボイドのOODAループ**
ボイドのOODAループは、人間の行動の裏にある基本的な思考プロセスを捉えたものとされる。つまり何かが起こるのを観察し、そこへ指向し、それについてどうするか決断し、それから実行することである。このサイクルを敵よりも速く完成させることができれば、優位を得ることができる。

的な迅速さと作戦上の応答性に功績があったとされる。この強みは、米戦闘機パイロットで軍事理論家のジョン・R・ボイドの諸理論から拝借された文言で、「敵の意思決定サイクルに入り込むこと」として言及されてきた。ボイドは戦闘機パイロットとして訓練を受け朝鮮戦争で任務についたが、どうやら一度も敵機と交戦したことはなかったようである。彼の後年の諸理論はさまざまな分野から引き出され、戦争における勝敗を包括的に理解することを目指していたが、彼は、観察（Observe）・指向（Orient）・決断（Decide）・実行（Act）から成る「OODAループ」という概念を考案したことで知られる。それは要するに戦闘中の戦闘機パイロットの意思決定サイクルを表現したものので、状況を観察し、敵へ指向し、どの行動方針をとるか決断し、それを実行するというものである。

ボイドの見解では、この意思決定サイクルはいかなるレベルや種類の戦争（もしくはビジネスなどの競争的活動）にも応用することができ、このサイクルを相手よりも速く完成させられる指揮系統を有する側が明確な優位に立つという。究極的には、より複雑で手間のかかる指揮系統を有する側は、気がつけばすでに存在しない状況について命令を出していることになる。換言すれば、その行動は次第に的外れなものとなっていく。この見当違いこそが一九四〇年のフランス軍司令部に起こったのだと信じる歴史家もいる。つまり、ドイツ軍の動きに反応した時にはすでに手遅れだったのである。

ボイドのOODAループは、一九七〇年代から一九八〇年代にかけて機動戦の理論家らに熱烈に受容され、冷戦期にエアランド・バトルと呼ばれて人気を博した機動戦ドクトリンの下支えの一部ともなった。このドクトリンはNATO防衛政策の基盤となり、「砂漠の嵐」作戦（一九九〇〜一九九一年）での多国籍軍の勝利への枠組みも提供した。これら諸原理は機動についての確立された教訓への回帰であったが、近代兵器の破壊力と、戦闘地域の至るところで火力と行動を同調させる能力をも考慮に入れていた。

ヒトラーのいわゆる電撃戦のアキレス腱は、一九四一年夏のソ連侵攻において明らかとなった。巨大な包囲戦が発生し、一〇〇万以上のソ連軍捕虜を捕らえ、数千もの赤軍の装甲車両を破壊したものの、ドイツ軍は長大な距離を踏破したために兵士も装備もすり減らしてしまった。その上、一部のソ連軍部隊は包囲されても降伏せずに粘り強く闘い、後続のドイツ軍部隊の前進を遅らせて消耗戦の様相を呈した。その包囲地域を縮小していくのが歩兵の仕事であったため、先鋒の機甲部隊とそれを支援する歩兵との間の隔たりが広がった。実際ドイツ陸軍において、それほどの任務に必要なレベルの機械化・自動化がなされていたことは終始なかった。より短期の鋭い攻勢に適していたドイツの兵站システムは、広大なロシアの草原地帯《ステップ》における戦争で発生した絶え間ない兵力と物資の需要についていくことができなかったのである。

殲滅と攪乱は、通常戦力による戦争に最も適した戦略である。非通常型の紛争においては、しばしば敵が分散しすぎていて殲滅戦や攪乱機動を行うことができない。実際、非正規戦闘員の主な目標の一つは、決戦に引き込まれるのを避けることである。かつてヘンリー・キッシンジャーが書き記したように、「正規軍は勝てなければ負ける。ゲリラは負けなければ勝つ」のである。とはいえ、非正規戦争における殲滅の例がないわけではない。ローマ軍も常に成功していたわけではないが、多くの反乱を迅速かつ冷酷に鎮圧した。同様に成功と失敗の入り混じった不規則なパターンは、一九世紀後半のネイティブ・アメリカンに対する米陸軍の作戦においても顕著である。どうやら成功の秘訣は、蜂起が勢いを得て広まらないうちに迅速に行動し、それを隔離することにあったと考えられ、それには反乱の首謀者と支持者を説得もしくは逮捕しつつ、同時にその兵站手段を制限ないし破壊することがしばしば必要であった。ローマ軍(と実質的に以降すべての軍隊)が気づいたように、単なる報復はしばしば逆効果となった。とはいえ、裏づけとしての武力を誇示せずに講和を申し出れば、それは時として弱腰と解釈され、多くの場合、敵がより好ましい取引を求めて抵抗を続けるか、攻撃をエスカレートさせるのを助長することになった。

3　攪乱戦略と「間接的アプローチ」

一九四一年、イギリスの軍事評論家・理論家B・H・リデルハート卿は『戦略論――間接的アプローチ』と題した著書を刊行し、まったく異なる種の軍事戦略の創出を試みた。間接的アプローチの基本的な考えは、敵の予想どおりに正面から交戦することは避け、かわりに予想外の（つまり間接的な）方法による攪乱ないしは奇襲を目指すというものである。彼が説明したように、「時代を通じて、敵に対応の備えができていないような間接性を有するアプローチでなければ、戦争において有効な結果を得られることはほとんどなかった。間接性とは、たいていは物理的であり、そして常に心理的である。戦略においては、最も遠い回り道がしばしば最短の近道なのである」。

したがって、時として著者自身も「誘い込んで罠にかける」という表現でまとめた間接的アプローチは、攻撃的にも防御的にも用いられうる。防御においては、罠や反撃の待ち構えている地域へ敵を誘い込む弾力的防御、ないしは計算された撤退を用いることができる。攻撃においては、敵を「狼狽《ろうばい》させる」地域を奪取すべく進出することによって、敵が自ら罠へと入り込んでくれるよう誘うことができる。リデルハートの間接的アプローチ論は、二つの原理に基づいている。すなわち、強敵に対する直接攻撃は決して許されないということと、攻撃それ自体によってではなく攻撃開始前に敵を不安定化させておかなければならないということである。これらの原理は、近代兵器の破壊力を理解し、それを回避ないしは無力化する方法を求めた一九世紀末以来の軍事文献の大半にみられる。またこれらは第一次世界大戦の西部戦線、とくに一九一六年ソンムの戦いにおけるリデルハートの個人的体験によっても強調されている。直接攻撃が時として必要であり、よって望ましくなくとも正当化されうるということは真実である。その上、はたして敵を本当に不安定化させられるか、そしてどれだけ長く不安定化させられるかを予測することは困難である。攪乱はたいてい一時的であるか、指揮系統の高いレベルにおいてのみ感じられるものである。

自らの理論を実証するため、リデルハートは歴史全般、古代から近現代までの戦争から実例を引き出したという。彼は、いつ、そしてなぜ間接的アプローチが成功したのかのみならず、なぜ直接的手段が十分な成果を挙げられなかったかを入念に説明した。彼は、各事例において間接性の程度と成功の度合いにどれほどの一致が見られるか、つまり心理的奇襲と攪乱が大きいほど、より大きな勝利となるということを示そうとした。ハンニバルのアルプス越えの間接ルートと、その後ティキヌスとトレビア、そしてカンナエでカルタゴが行った殲滅戦についての彼の主張がそのようなものであった。紀元前二〇二年のザマの戦いへとつづく、スペインと北アフリカにおけるローマの大スキピオ将軍の戦役についても、彼は同様のことを述べている。リデルハートは、一八〇五年のウルムとアウステルリッツにおけるナポレオンの勝利を「誘い込んで罠にかける」機動の巧妙な変種として説明している。彼はまた、ユリシーズ・S・グラントのビックスバーグ攻略（一八六三年）と、ウィリアム・T・シャーマンのジョージア戦役（一八六四年）も、「敵の経済的・精神的後方」に間接的アプローチを適用した実例であるとし、このアプローチこそが南北戦争において決定的となったのだと主張している。端的にいえば、彼の主張は堂々めぐりとなったのである。戦史上の重要な成功はすべて間接的アプローチの何らかの応用によるものであり、したがって間接的アプローチが大きな戦果を挙げる最も確実な方法である、というのである。

しかし、直接的アプローチを避けようとしたばかりに大惨事や失望に終わった事例は歴史上豊富にある（もっとも、リデルハートはこれを反証しようと努力したが）。その例を二つ挙げれば、第一次世界大戦中の未完に終わったダーダネルス戦役と、第二次世界大戦中の連合国軍によるイタリア半島侵攻である（いずれもウィンストン・チャーチルが強く支持していた）。ダーダネルス海峡はエーゲ海とマルマラ海をつないでおり、そこへの上陸および作戦が成功すればコンスタンティノープル［現イスタンブル］を脅かすことができると考えられた。同都市を占領すればトルコが戦争から脱落し、さらに南ロシアへの海上交通輸送路を開くこともできるかもしれなかった。リデルハートの見解では、「ダーダネルスへの一手はトルコに対しては直接的アプローチであったが、当時コーカサスで交戦中のトルコ軍主力に対する間接的アプローチであり、さらに高いレベルでは中央同盟諸国全体に対する間接的アプローチであった」。しかし、その戦役は大惨事であり、最高司令部における過度の楽観論、乏しい訓練、不十分な偵察、そして不十分な兵站のため行き詰まった。イギリス、フランス、オーストラリア、ニュージーランド、インドの兵士およそ五〇万人を巻き込み、その半数以上が死傷したのである。基本的にリデルハートは、それは発想の失敗というより遂行の失敗であったと弁明した。

イタリア戦役（一九四三～一九四五年）は、ヒトラーのヨーロッパ要塞の「無防備な弱点」に対する攻撃として意図されていた。第三帝国に戦力配分の転換を強いたため、それは総じて成功であったとリデルハートは説明した。しかし後年の研究では、半島の険しい地形が防御側に有利であったため連合国側の前進が遅れ、兵力と物資の損失が増加したとして、この結論には疑問が投げかけられている。枢軸国側の損失四三万に対し、連合国側は死傷者三二万を出した。イタリア半島という「弱点」は、少しも無防備ではなかったのである。さらに重要なことに、戦争の負担を依然として背負っていたのは、東部戦線において情け容赦のない残酷な有効性をもって直接的アプローチを適用していたソ連であった。一九四三年末までに、ドイツ軍は東部戦線で一日あたり約一個師団(兵士一万三〇〇〇名)を失っていた。イタリア戦役全体でのドイツ軍の損失は、東部戦線における一ヵ月分の戦闘にほぼ等しかったことになる。言い換えれば、ヒトラーにはイタリア戦役のような足止めに対して長期にわたって戦う余裕があったのである。

次第にリデルハートは歴史的事例を追加して自身の理論を改良したが、その中核となる考えは変わらなかった。例証の重みを増すため、彼は中国の軍事哲学者である孫子から格言をいくつか拝借して『戦略論』の後年の版に取り入れた。「兵は詭道《きどう》なり」といった格言はしばしば、敵の主戦力に直接立ち向かおうとする西洋的な選好とやらを補完するものとみなされ、そうした論及によって間接的アプローチへの根拠のない信用が高まったようである。しかし、西洋の戦争を少し概観するだけでも、欺瞞《ぎまん》と計略が豊富に用いられていたことが分かる。リデルハートは本質的に、自らの理論に合うように歴史を切り貼りしており、その理論は結局、目的への最も見え透いた方策を回避するということにすぎない。有能な軍事戦略家ならば誰でも、可能な限りいつでも敵の不意をつく方を好むであろう。これらの理由から、間接的アプローチは実際のところ別個の軍事戦略にはならない。しかしながら、予想外の手段を用いて成功の見込みを高めることで、とくに殲滅や攪乱など他の戦略を改良することはできる。

要するに、殲滅と攪乱はハイリスク・ハイリターンな戦略と考えることができる。これらの戦略は短期戦の希望を抱かせるが、多くの場合、軍事力の質的または量的な優越を必要とする。それら戦略は数的に優勢な敵に対しても有効となりうるが、おそらくより複雑な機動が必要になり、よってより大きな危険をともなうことになるかもしれない。そのような複雑な機動は、摩擦や偶然によって頓挫しうるものである。一九四〇年ドイツのフランス進攻において、フランス軍偵察機とベルギー軍騎兵から、相当な規模の敵の車両・機甲部隊がアルデンヌの森を進んでいるという報告はあった。もし連合国側の空軍がこれらの報告に反応していれば、森の狭い道に沿って慎重に進む長大な車両縦隊に大損害を与えることができたかもしれないし、フランスをめぐる戦いはまったく異なる結果になっていたかもしれない。

　しかし、もしかすると最大のリスクは、軍事的な大勝利が決定的となって我方《わがほう》の有利に戦争を終結させてくれると思い込むことにあるのかもしれない。政治的・文化的条件が整っていれば、その思い込みは的中するかもしれない。戦場での迅速な敗北によって生じる衝撃と屈辱は、政府が講和を乞う誘因にもなりうるし、恐怖とさらなる決意を奮起させることにもなりうる。そのような敵の決意は消耗や疲弊の戦略というかたちで表れるかもしれず、それは結果的に、短期戦を必要とする側の脆弱《ぜいじゃく》性を突くことになるであろう。

第3章 消耗と疲弊

一九四三年一月初旬、米国が第二次世界大戦に引き込まれてからちょうど一三ヵ月後、フランクリン・D・ローズヴェルト大統領は米議会に述べた。「太平洋での戦争における我々の主任務は、日ごと、週ごと、月ごとに、日本の工業生産によって補塡《ほてん》できる以上に日本の戦争物資を破壊することであります」。ローズヴェルトが議会に説明し、究極的に連合国に勝利をもたらしたのは、消耗戦略であった。連合国は、枢軸国側のそれと比べて圧倒的な経済・工業力のおかげで、そのような戦略を追求できる余裕があった。平たくいえば、消耗戦略は敵の物質的戦力を削っていくことによって勝利を目指す。

消耗戦略を補完するのが疲弊戦略であり、こちらは敵の戦う意志をすり減らすものである。これら二つはしばしば並行して用いられる。つまり、物質的戦力を破壊することは戦う意志を低下させることにもつながりうる。しかし時に、抵抗を続けることで、戦争に終わりがなく意義も見出せないと敵に思わせ、疲れ果てさせることができる。ベトナムの指導者ホー・チ・ミンは、フランスのインドシナ占領が耐え難い苦しみをともなうよう、疲弊戦略を用いた。第一次インドシナ戦争（一九四六〜一九五四年）の前夜、ホーは、一人のフランス人を殺すのに一〇人のベトナム人が死ぬとしても、フランスのほうが先に闘いに音《ね》を上げるだろう、とフランスの将軍に対して大胆にも警告した。第二次世界大戦後にフランスが新共和国の設立と経済の再建にもがいていたことはホーの疲弊戦略にとって好機であり、彼の警告は予言となった。端的にいえば疲弊戦略とは、敵を厭戦《えんせん》気分に追い込むか、もしくは勝利が不可能であると敵に思わせるものである。これら両戦略は長期戦となりうるので、我方《わがほう》の人民と経済に重い負担を課すことになりうる。よってこれらが文化的に容認でき、経済的に実行可能であるとは限らない。しかしその条件が揃っているときには、迅速な勝利を求める殲滅・攪乱戦略に対する効果的な対処法となりうる。しばしば、消耗と疲弊はこれら以外すべての軍事戦略の根底を成すものであるといわれ、その主張に道理がないわけではない。実際あらゆる軍事戦略は、敵の物質的または精神的な力を削るか、少なくともそう脅すことをともなう。また消耗と疲弊は、他の戦略が失敗したときに結果として代案とならざるを得ないことも多い。

第二次世界大戦における連合国側の戦略は、消耗の近代的な模範例である。その戦略は、枢軸国の首都への進軍と同時に、補充されるよりも速いペースで枢軸国の軍事力を破壊するため、陸海空の連携作戦をともなった。「クンクタトル（遅延者）」というふさわしい愛称をつけられたローマのファビウス・マクシムスは、ハンニバル軍の兵站を弱体化させるために疲弊戦略（当時は「敵軍の腹を叩くこと」と知られていた）を用いた。著名な歴史家らに「アメリカのファビウス」と称されるジョージ・ワシントンもまた、アメリカ独立戦争においてイギリスの決意を削ぐため一種の疲弊戦略を用いた。

1　消耗戦略

消耗と補充

消耗は、もしかすると最も単純明快な軍事戦略かもしれない。その最も単純な形式は、補充を上回るペースで敵戦力を破壊しつつ、同時に我方の損耗率を耐えうる水準に保つことである。交戦当事者の戦う意志とその物理的能力が密接に関連しているということは、軍事専門家らの間で長らく意見が一致しており、とくに前者が最も重要と考えられている。とはいえ、実際にいつ戦う意志が挫《くじ》かれたか判別することは困難な場合もある。一時的な士気の低下にすぎないかもしれないのである。そのため、敵の戦う物理的能力を消滅させることを意図した行動方針、つまり消耗戦略の方を好む軍事戦略家もいる。一方が武器を失えば、たとえ彼らが譲歩を拒んだとしても、紛争の管理は比較的容易となりうる。消耗は、すべての交戦において有利な交換比率を要するわけではなく、ただ平均としてそうであればよい。

注目すべきは、我方の部隊が実際に戦闘状態に入っているか否かにかかわらず、消耗とは戦争において自然に発生するものだということである。実際、物資と人員の損失は、たいていは戦時ほど高いペースではないにせよ、平時でさえほぼ日常的に生じるものである。兵器や兵員は戦闘によってのみならず、事故や運用上の損耗によっても失われる。バトル・オブ・ブリテンの最中、英空軍（RAF）戦闘機軍団はたった一ヵ月で、味方の誤射と事故によって航空機の三分の一を失った。代替機の安定供給がなければ、戦闘機軍団は一九四〇年末までに事故による損失だけで全滅していたであろうと指摘する歴史家もいる。

同様に、一九四一年から一九四二年にかけて、日本軍は航空機の損失の四〇パーセントが直接戦闘によるもので、残り六〇パーセントは事故、怠業、または輸送中に受けた攻撃など輸送上の原因と訓練の結果であると報告している。基本的な運用寿命は戦闘機が三ヵ月、戦車が四ヵ月、大砲が五ヵ月であった。たとえばソ連赤軍は、単なる運用上の損耗のために重装備の約二〇パーセントを毎月交換しなければならなかった。

また軍は、病気、脱走、または兵役満了など戦闘以外の原因で、日常的に人員を失う。歴史を振り返れば、病気は直接戦闘よりはるかに速く陸軍や海軍の戦力を蝕《むしば》んできた。原因が敵の行動であれ日常的な消費であれ、軍は戦闘力を保全するため、その損失を補填しなければならない。そして、この必要性のため補給線の維持が決定的に重要となる。最も単純化していえば、戦闘力とは軍事力の一部である。すなわちそれは戦闘を行う能力であり、数と技量、つまり量と質の関数である。単に戦闘中に失われた分の数を補充することは、必要ではあるが決して十分ではない。新兵がベテランの熟練兵のように任務をこなせるようになるまでには時間がかかるため、たいていは補充によって戦闘力が直ちに回復されるわけではない。この事実は、一九四四年六月のマリアナ沖海戦によって明確に実証されている。このとき米軍パイロットは、主により豊かな経験、より優れた訓練、そして若干の技術的優位のおかげで、五対一の割合で日本軍機を撃墜したのである。

単に数だけを増やすのは、実際には戦闘力の真の低下を隠蔽《いんぺい》することになりかねない。たとえば、ドイツ第三帝国は一九四四年一月までに戦闘部隊の四二〇万人近くを失ったが、約九五〇万の兵力を誇示できるほどの補充要員を徴集した。しかし、多くの徴集兵の年齢は軍役の適齢範囲（一八〜二五歳）から外れており、他にもナチス占領地域から意志に反してドイツ軍への従軍を強いられ意欲の高くない者が多くいた。しかも戦争のこの時点では、ドイツ軍部隊は経験豊富な将校と下士官が不足しがちであった（高位の空きを埋めるために昇進させられた者もいた）ため、さらに戦闘能力が損なわれ、高い損耗率につながった。

その上、損失はすべて等価であるわけではない。指揮中枢を無力化すれば、戦車や航空機を破壊するよりも速く戦闘力を削ることができる。バトル・オブ・ブリテンにおいて、もし英空軍戦闘機軍団の「目と耳」であったレーダー（電波探知）基地が失われていれば、航空機やパイロットを失うよりも大きな損害となっていたであろう。レーダーは、戦後多くの神話に語られたような「必勝兵器」だったとまでは言い切れないものの、統合防空システムにおいて決定的な役割を果たした。その「目と耳」がなければ、英空軍戦闘機軍団がドイツ空軍を迎え撃つにあたって、実際ほど効率的に資源を集中することはできなかったであろう。とくに燃料の消費と航空機およびパイロットの疲労を抑えるという意味において、効率性が損なわれれば戦闘における有効性が大きく低下していたであろう。

一九四四年までに、ドイツ軍における熟練パイロットの損耗は、航空機の損失よりも大きな痛手となっていた。というのも、航空機の製造よりもパイロットの養成の方に時間がかかったからである。訓練されたパイロットの不足によって、ドイツ空軍が陸海の作戦に上空援護を提供する役割を果たすことは次第に困難となり、それらの作戦を遂行する陸海軍部隊の損耗率がさらに高まることとなった。要するに特定の能力や機能における損耗は、広範な二次的・三次的影響へとつながり、結果として組織的有効性の急激な低下を招きうる。たとえばドイツは一九四三年以降、前線における多大な損失を補うため、労働力からどんどん人員を引き抜いていた。そして労働力を補うために奴隷労働を利用したケースもあり、それが生産に悪影響を及ぼしたのである。

ランチェスターの法則

その単純さから、消耗戦略をいくつかの簡単な方程式に還元することができるのではないかと考えられる。そのうちもしかすると最も有名な二つの例は、イギリスのエンジニア兼発明家フレデリック・ランチェスターのものである。第一次世界大戦の最中、ランチェスターは二つの数学的「力の法則」ないしは方程式を考案した。すなわち、古典的な戦闘に適用されるという「一次法則」と、近代戦に関する「二次法則」である。ランチェスターの考察によれば、古典的な戦いでは基本的に一人の戦闘員は一度に一人の敵とのみ戦うため一次法則である。一方、近代戦ではチームで運用する機関銃、戦車、航空機や大砲といった兵器によって複数の敵と同時に交戦することができるため二次法則である。ランチェスターの法則は兵棋《ウォー》演習《ゲーム》の分野や、緊急事態計画のための分岐や帰結を描くのに役立つこととなった。しかし、これらの法則は量的要因に依拠しすぎているため、戦闘結果の予測としては信頼性が高くない。技量や士気といった質的要因や偶然性は、不規則分布でなければ説明しにくい。

一九四一年一二月七日［現地時間］に米国・ハワイへの攻撃が発生したとき、日本は戦艦一〇隻、空母一〇隻、巡洋艦三八隻、駆逐艦一一二隻、潜水艦六五隻を保有していた。これに対して、米国およびその同盟国は戦艦一〇隻、空母三隻、巡洋艦四四隻、駆逐艦九三隻、潜水艦七一隻を保有していた。このうち米国の戦艦五隻、巡洋艦三隻、駆逐艦三隻が真珠湾で撃沈ないし大破した。したがって、この攻撃によって日本は戦艦で二対一、空母で三対一の優越を得たが、他の艦種ではせいぜい約一対一であった。しかし米国は当時、さらに戦艦一五隻、空母一一隻、巡洋艦五四隻、駆逐艦一九一隻、潜水艦七三隻を建造中であった。これら艦船の生産ペースはのちに加速された。結果、一九四一年に米海軍のハロルド・R・スターク大将が在米日本大使に述べた発言は正しかったと証明された。

「タイミングと奇襲によって初期の成功を収めることはできても、貴国も相当の損失を被る時が来るだろう。しかしここに大きな差がある。貴国は損失を埋め合わせることができないばかりか、時間の経過とともに弱くなっていくだろう。一方で、我々は損失を埋め合わせるのみならず、時間の経過とともに強くなっていくだろう。戦いが終わるまでに、我々が貴国を粉砕するであろうことは必然である。」

実際に連合国は全体として枢軸国側の生産を凌駕《りょうが》し、その割合は戦争終結までに航空機で三対一、戦車および自走砲で四対一、大砲（大半がソ連製）で七対一、軍艦で二・五対一となった。

米国の航空機四万八〇〇〇機に対して枢軸国側二万七〇〇〇機、米国の戦車・自走砲二万五〇〇〇輛に対して枢軸国側一万一〇〇〇輛、そして枢軸国側の生産する軍艦一隻につき米国は二隻。イギリスとソ連の生産によって航空機四万八〇〇〇機、戦車三万三〇〇〇輛、軍艦八四隻が加わり、差はさらに広がった。（ウィリアムソン・マーレー、アラン・ミレット著『勝利すべき戦争』〈*A War to Be Won*〉、二五二頁「表2　連合国と枢軸国の主要兵器生産」）

日本側も、連合国が物質的に立ち直ることは予期していた。山本五十六長官は次のように述べている。「初め半年や一年は、ずいぶん暴れてご覧に入れます。しかし二年三年となればまったく確信は持てません」。しかし日本は、太平洋における米英の軍事力が日本のそれを上回るのを座して待つことは選択肢にない、とも判断していた。それゆえ真珠湾への攻撃は、アメリカの指導者を畏縮させるか、それが失敗してもボルネオやジャワといった資源の豊富な島々を征服し、頑強な防衛線を確立する時間を稼ぐため、米国の軍事力を弱体化させようとする必死の試みであった。日本の指導者らは、その防衛線を保持するか、あるいは少なくとも前進する連合国に途方もない犠牲を払わせるだけの戦闘力を自らが有していると見積もっていた。いうまでもなく、彼らは見当違いもはなはだしかった。

消耗戦略は単純であるが、それを実行に移すのは必ずしも単純ではない。第二次世界大戦における連合国側の戦略は複雑かつ多層的であった。莫大《ばくだい》な量の軍需品を生産し、数百万の人員を動員し、そして枢軸国側の戦闘力の生産とその前線への供給を阻害することは、連合国による消耗戦略のほんの一部であった。実践においては枢軸国の前進を封じ込め、それから日・独・伊を囲む輪を次第に絞り込んでいくことも、その戦略には必要であった。つまりそれは、複数の戦線における作戦の計画とタイミングを調整することで、枢軸国軍に常に不利な状況下で戦うことを強い、かつその戦力の不足が時間とともに悪化するようにするということであった。枢軸国が征服した広大な領土は諸刃の剣となった。というのも、枢軸国にはそれを保持するだけの資源がなく、脅かされている地域へ予備戦力を移動させようとすれば、さらなる輸送上の損耗が生じるだけでなく、連合国の航空戦力による攻撃に晒《さら》されることになったからである。守備範囲がもっと狭ければ、枢軸国が連合国に途方もない損害を与え、もしかすると無条件降伏に至らず講和を結ぶことのできる公算がもっと高かったかもしれない。実際、無条件降伏という戦争目的は、一九四三年初頭のカサブランカ会談のあとに発表されたものである。しかし、実際それによってドイツ兵と日本兵のさらなる奮戦が促されたのかどうかは明らかでない。

2 疲弊戦略

疲弊は、心理的な消耗の一種と考えることができる。それは士気や国民の信頼といった感情的ないし無形の要因に打撃を与える。そうした要因は、定義からして計測が困難なものではあるが、さらなる軍事行動によって勝利の見込みが高まると敵が信じているかどうかに関係している。所与の戦争目的にどれほどの価値があるのか、敵国でも政党ごとに相反する見解を持っているであろうし、時としてその対立を利用することも可能である。疲弊は、国家元首が紛争からの撤退を早まって決断するように静かに表れることもあれば、反戦抗議の増加や国民の信頼の大幅な下落のように露骨に表れることもある。国民の戦争支持の喪失は、現実よりも認識に関係している部分が大きい。しかも支持の低下は、戦域における我方の軍事プレゼンスが拡大し、戦闘地域における状況が改善していたとしても生じうる。ベトナムに駐留する米軍は一九六五年末の二〇万人から徐々に増加し、一九六八年までに五〇万人以上に達した。しかし同時期に米国民の戦争支持率は着実に低下し、一九六八年初頭の共産主義勢力によるテト攻勢の結果、共産主義勢力が敗れたにもかかわらず、急激に落ち込んだ。

一九六五年八月、ギャラップ世論調査は米国民に、ベトナム戦争への直接的な関与が誤りであったかどうか質問した。六一パーセントが「いいえ」と答えたが、この数字は一九六六年五月までに四九パーセント、それから一九六七年一〇月までに四四パーセントまで減少した。その年の終わりまでに、ベトナム紛争への対処の仕方に賛同したのは米国民のうちたった三九パーセントとなった。この数字は一九六八年のテト攻勢の後に二六パーセントまで下落した。(出典:ギャラップ世論調査、一九六五年八月二七日~二〇〇〇年一一月一三日実施〈http://institution.gallup.com〉)

図５　クレタ島スダ湾にて海上封鎖任務中のドイツ海兵隊（1897年）

1897年、スダ湾で哨戒中だったドイツ海兵隊が、列強によるクレタ島封鎖を執行する。ヨーロッパ列強は、トルコ支配に対するクレタ島の暴動にギリシャが援軍を送るのを防ぐため封鎖を敷いていた。

疲弊戦略は、防御側のあらゆる利点を活用することができる。軍事理論家カール・フォン・クラウゼヴィッツが述べたように、攻撃側の任務は防御側よりも本質的に難しいものである。防御側はただ生き残って攻撃側を闘いにうんざりさせればよい一方、攻撃側は防御側を制圧しなければならない。したがって、疲弊戦略は防御の基本的性質と適合するのである。第二次世界大戦の戦局が変わったのは、枢軸国が実質的に疲弊戦を戦っていた時であった。一定数の戦闘に勝利して十分な損害を与えることに成功していたら、紛争を長期化させて連合国の士気を低下させることができたかもしれない。戦争の長期化によってドイツはＶ－１、Ｖ－２ロケットやＭｅ－２６２ジェット飛行機など、いわゆる「奇跡の兵器（*Wunderwaffe*）」を改良する時間を稼げたかもしれない。しかし、連合国軍の物量面の優位性が拡大し、作戦技能が向上すると、枢軸国側が必要とした勝利は得られなかった。連合国の地上攻勢によって、ドイツは形勢を逆転させるに十分な数の超兵器を生産するために必要な時間を奪われた。その上、枢軸国の指導者らは、人種

的・精神的に劣等とみなしていた連合国側の決意を見誤り、その決意を弱めるために多用されたテロは概して逆効果となった。

疲弊戦略は、いくつかの形式をとりうる。最も頻繁に見られるのは封鎖、攻囲、攻撃側が利用する可能性のある土地を破壊する「焦土」戦術、あるいはゲリラ戦を含め、空間と引き換えに時間を稼ぐか、または我方の準備が整うまで決戦を回避することを典型的にともなうアプローチほぼすべてを含む。封鎖には多様な定義があり、特定の禁輸品目に対する隔離から、交戦当事者の海上や陸上の連絡の遮断まで、幅広い目的に用いられうる。食料その他の必需品の輸入を減少させ、敵国の市民や軍人らに飢餓や衰弱を生じさせるための封鎖は、疲弊戦略の典型である。封鎖の目標は通常、二つある。すなわち、相手国の軍需物資の生産能力を低下させることと、その人民により大きな苦痛を与えて屈服させることである。

封鎖

その一例は、第一次世界大戦中に英海軍がドイツに対して行った、いわゆる「飢餓封鎖」である。この封鎖による飢餓でどれほどのドイツ人が死亡したかは歴史家のあいだで意見が分かれているが、大半の推計では七五万人を超える。この封鎖によってドイツの輸入は五〇パーセント以上も減少し、農業生産に不可欠な石炭や肥料、そして乳製品、穀物、ジャガイモなど必需食料品の供給が断たれた。ドイツ人は、合成パンや粉ミルクといったコピー（代替）食品によって賄おうとしたが、それらは栄養価において大きく劣っていた。ドイツでは、食事の低カロリー価と栄養不足により、結核や赤痢など病気の発生率が増加した。この種の封鎖は一種の経済戦でもあり、結果を出すには数ヵ月あるいは数年をも要することがある。それは本質的に、大規模な攻囲戦である。封鎖は、戦時にも平時にも用いられうる。つまりここでも、軍事戦略とは公然の戦争状態のみに限定されるものではないのである。

攻囲

先に示唆したように、攻囲は哨兵線［敵の襲撃などに備えて見張りを行う前線地帯］や海上封鎖と似ているが、より小規模なものである。多くの場合、頑強な都市や要塞を攻撃側が直ちに奪取することができないときに用いられる。第二次世界大戦中、ヒトラーはレニングラード（現サンクトペテルブルク）攻略に際し、強襲するのではなく攻囲するよう各師団に対して命じた。強襲では多大な損害が出るだろうと考えたのである。この攻囲は、一九四一年九月八日から一九四四年一月二七日まで、九〇〇日近くも続くこととなった。その間に六〇万人以上のロシア人が死亡したと考えられているが、ある推計によれば、当局に死亡が報告されなかった犠牲者が多数いたため、それを計算に入れれば犠牲者は一〇〇万人近いともいわれている。食料供給が断たれただけでなく、一九四一年の冬が近づくにつれて石炭の備蓄も枯渇し、水道管が凍ったため住民は真水を得られなくなった。極度の飢餓とその他物資の欠乏にもかかわらず、レニングラードはロシア軍が一九四四年に解放するまで持ちこたえた。

対照的に、ラオス―ベトナム国境沿いの小さな前哨基地であったディエンビエンフーでの戦い（一九五四年）は、まったく異なる類の攻囲であった。一九五四年三月から四月にかけて、ヴォー・グエン・ザップ将軍指揮下のベトナム独立同盟軍四万近くが、前哨基地を占拠していたフランス軍約一万三〇〇〇を整然と取り囲んだ。しかしフランスのクリスティアン・ド・ラ・クロワ・ド・カストリ将軍は、部隊の補給を空から維持できると信じていた。しかも彼の見立てでは、敵が砲兵の射程内に入ってきたため、包囲は危機ではなく好機であった。しかし、ベトナム独立同盟軍の絶え間ない攻撃に対してフランス軍の再補給は追いつかず、ディエンビエンフーの防衛は一九五四年五月七日に崩壊した。これはフランス軍史上、最も屈辱的な敗北の一つとなった。攻囲戦では、しばしば飢えと病気が攻撃側の助けとなるが、ディエンビエンフーの事例においては、むしろ戦闘システムと弾薬の問題であった。とはいえ、そうした「助け」は当てにならないものであり、適切な準備ができていなければ攻囲部隊のほうに破滅をもたらすこともある。

焦土

「焦土」戦略は、よく知られているように諸刃の剣である。ロシアは、近代における二大侵略者、すなわちナポレオン（一八一二年）とヒトラー（一九四一年）に対して、焦土戦略を用いて勝利を収めた。ナポレオンの大陸軍は独自の補給システムを有していたが、必需品の大部分は通過する農村部からの略奪により調達していた。つまり、通りがかった農場や村落から収穫物、家畜、そして水を奪っていたのである。アレクサンドル皇帝の焦土戦略により、ナポレオン軍が生き抜くのに必要であったものの多くが撤去または破壊され、補給の問題が悪化した。同様にスターリンの焦土戦略は、広大なロシアを横断する際の兵站上の課題や、ロシアの厳しい冬のための十分な備えをしていなかったヒトラーの軍にとって、悩みの種であった。また、南北戦争中に北軍のウィリアム・T・シャーマン将軍がアトランタ進軍（一八六四年）において証明したように、焦土戦略には攻撃的な側面もありうる。彼の目的は南部、とくにジョージア州に対して、分離独立のための「戦争の厳しい面」を実感させることにあった。彼の兵隊たちは、収穫物や家畜を略奪し、鉄道を破壊し、建物を焼き払うことによってこれを試みた。つまりそれは、南部住民の経済的苦難を悪化させ、南軍は銃後の国民を守ることができないのだと見せつけることによって南部側の士気を阻《そ》喪《そう》させる、経済戦と心理戦の組み合わせであった。例によって、そのような戦略が追求されたときは一般市民が最も苦しみ、ともすれば侵略の指導者よりも彼ら自身の指導者らの手によって苦しむのである。それが焦土戦略や疲弊戦一般の主要なデメリットといえよう。

ゲリラ戦争

ゲリラ戦争には、待ち伏せや襲撃が含まれる。それを実行に移した人物としては、たとえばアメリカ独立戦争におけるナサニエル・グリーン将軍とジョン・ポール・ジョーンズ提督、中国国共内戦における毛沢東、そして第一次・第二次インドシナ戦争におけるホー・チ・ミンなどがいる。ゲリラ戦争が、より正規戦に近い意味での武力行使をともなう例もある。たとえば七年戦争におけるフリードリヒ大王や、アメリカ独立戦争におけるジョージ・ワシントンの作戦である。むろんこれらの手法はいずれも、状況の求めに応じて組み合わせることができる。

グリーン将軍の戦術は基本的には待ち伏せと襲撃、そして破壊工作であり、これらはイギリス軍の動きを阻害し、かつ地域の世論に影響を与えるべく実行された。影響力の拡大は非常に重要であった。というのも史実の示すところでは、当時アメリカの住民のうちイギリス王室に対する開戦支持派はたった三分の一であり、もう三分の一は王党派のまま、残り三分の一はいずれの側にも加担したがらなかったからである。そのため革命への支持を維持し、中立的な三分の一を味方に引き入れる上で心理作戦が決定的であった。グリーンの部隊は、一八世紀の経済の中心であった既存の製粉場システムを活用して自らの糧秣《りょうまつ》を補給しつつ、可能なときは糧秣がイギリス側の手に渡らないようにした。

ジョージ・ワシントンは「アメリカのファビウス」と称され、グリーンでさえワシントンの戦略は決戦よりも小競り合いを求めるものだと評していた。しかしファビウスと異なりワシントンは、自身より技能に優れる敵との大会戦を行ったため、ファビウスよりはるかに大きなリスクをとったことになる。ワシントンが時として直接戦闘を強いられたのは、一度の会戦によって迅速に勝利を得ようという無邪気な願望を抱く議会から催促されたり、イギリス軍によって厳しい局面に追い込まれたりしたためであった。またある時には、彼はすすんで戦闘を求めたようである。彼の軍は当初、主に民兵と短期の志願兵で構成されており、イギリス軍と正面から戦うには規律も訓練も不足していた。とはいえ、条件がそろえば彼らは相当な損害を与えることができ、しかもイギリス軍の死傷者一人一人は、アメリカ側に比べて何倍も補充が困難であった。そのためワシントンには、自軍が撃滅されるか士気を阻喪して雲散霧消してしまわない限り、イギリス側に物理的および心理的損害を与えることのできる条件が揃っていた。

たとえ小規模であっても、心理的な価値のために重要な勝利もありうる。勝利は決意を強め、武勇を証明し、同盟やその他の外的支援を招きよせるのにも役立つ。ワシントンの軍についても、中国国共内戦における毛沢東の革命軍についても、ホー・チ・ミンのゲリラについても、これは当てはまる。もっとも毛沢東とホー・チ・ミンは、住民を統制するためにテロ戦術や攻撃的な「戦略的情報発信」も惜しみなく用いた。

3 消耗・疲弊戦略の採用

消耗と疲弊は常に、殲滅と攪乱のアキレス腱である。殲滅・攪乱戦略は迅速な決着を求めるが、消耗・疲弊戦略によって紛争が長期化すると、その目標設定自体が弱点へと変容してしまう。消耗戦略が最も効果を発揮するのは、物量に劣る敵に対してである。他方で疲弊戦略は、物量に優る側が消耗を用いているときであっても、物量に劣る側がより長く持ちこたえるのに役立つことがある。しかしこれらの戦略を採用するには、政治的・文化的な忍耐力を持ち合わせていることが必要条件となる。「民族解放」など一部の政治的動機は、戦役が長引いたり多大な犠牲が出たりすることにも比較的耐性がある。犠牲者数に関する西洋の文化的な敏感さは、歴史的な変遷を辿ってきている。理由が何であれ、犠牲者数への敏感さゆえに、いずれの戦略も実行不能となりうる。消耗・疲弊戦略には独創性が欠けており、決まって大損害を受けるという理由から、軍事専門家のなかには疎んじる者もいるが、これらの戦略は敵を挫《くじ》くのに非常に効果的である場合もある。その上、もし当初の計画が失敗すれば、消耗や疲弊に訴えることを考慮せざるを得なくなるかもしれないのである。

消耗戦略では、敵の戦闘力がどれだけ生産されているかに比して、それをどれだけ破壊したか、その経過を把握するための適切な指標が必要である。疲弊戦略ではそのような物理的指標はさほど重要ではないが、敵の士気や自信を推し測ることが堅実な意思決定を行う上で不可欠である。残念ながら、現代のセンサーや情報技術をもってしても、戦闘被害を正確に評価するのは困難である。交戦者はしばしば、受けた損害の程度を隠蔽するのに苦労を惜しまないものである。損壊した車輛や装備は修理され、死亡または負傷した兵士は人的損失の正確な算出を阻止するために埋葬または移送される。死傷者数の昂騰《インフレーション》の最も甚だしい一例は、ベトナム戦争における「戦死者数症候群」である。米国の指導部は戦死者数をベトナムにおける成功を測る重要な基準としたため、指揮官らは敵の死傷者数を水増しして報告し、それが今度は進捗の不正確な見積もりや非現実的な期待を生み出すことになった。実際、一部の軍事評論家が指摘したように、実地評価がまったく行われなかった事例もあったのである。たとえば一九六八年には、B-52による空爆のうち、たった一三・五パーセントしか実地評価が行われていなかった。

同様に、一九四〇年のバトル・オブ・ブリテンにおける英独両空軍の航空機撃墜の報告は、いずれも二倍近く水増しされていた（英空軍は約二七〇〇機撃墜を主張したが、ドイツ空軍の実際の損失は一七〇〇機に近かった。ドイツ空軍は三二〇〇機撃墜を主張したが、英空軍の損失は一六〇〇機ほどであった）。イギリスにとっては幸いなことに、イギリスが開戦直後にドイツ空軍の戦力を過大評価していた一方、ドイツは英空軍の初期戦力を過小評価していた。したがって、戦闘の経過にともなってドイツ空軍は実際よりも英空軍の限界が近いと考え、結果としてより大きなリスクをとった。戦局の推移についていえば、連合国は従来的な陸上作戦を通じて枢軸国に間断なく圧力をかけ続けることにより、統計指標の曖昧《あいまい》さを克服した。破壊した装備品や与えた人的損害だけでなく、枢軸国占領地域への軍部隊の前進からも、進捗を測ることができたのである。進捗を測るその変数は、ベトナム戦争においては利用できないものであった。解放した村落の数や訓練した南ベトナム軍兵士など他の指標は多くの場合、せいぜい暫定的なものであった。

消耗や疲弊は、効果が出るまでに時間がかかる。そして時間的な隙が生じれば、新たな資源であれ強力な同盟国であれ、あるいはより優れた戦略手法であれ、対策を練る機会を敵に与えることになる。第二次世界大戦において連合国は戦闘力の構築に時間を要したが、とくに連合国のうちソ連や中国が降伏に追い込まれたり、あるいは単に枢軸国が強力になりすぎたりする前にそれを行わなければならなかった。連合国優位へと戦争の潮目が変わったあとでさえ、ドイツ第三帝国は、連合国に多大な損害を与えられるような優れた戦車や航空機、そしてロケットを探し求め続けたのである。

実質的に、連合国の容赦ない前進によって、枢軸国は貴重なマンパワーその他の資源を引き出すことのできる領土を奪われた。また、間断なく圧力をかけられた枢軸国の指導部は、新たな補充部隊を時期尚早に、あるいは万全でないかたちで投入させられた。単純に、枢軸国はそのような圧力に打ち勝ち、自身の失敗から立ち直るだけの資源を有していなかったのである。連合国は幸いなことに、物的優位のおかげで大半の戦略的失敗から立ち直ることができた。そうした失策の一つが、一九四三年のイタリア本土侵攻であった。それは多くの評論家によれば、イタリアのファシスト党崩壊と、追加の飛行場獲得への期待から、当時は名案であると思われた。しかし、イタリア侵攻作戦は困難で損失が嵩《かさ》むこととなった。

むろん、地理・地形もまた消耗・疲弊戦略の成功率に影響を与えうる。米軍が思い知ったように、ベトナム戦争で消耗戦略の適用が困難であった理由は、北ベトナム軍とベトコンが自らの動向を秘匿するために深いジャングルの植生を利用したことだけではなかった。その地域の「政治的な」地勢により、ベトナム側が再武装・再編成のため退くことのできる避難場所がカンボジア・ラオス国内に提供されていたのである。同様にアフガニスタンにおける「不朽の自由」作戦中、パキスタンは、アルカイダとタリバーンの部隊の避難場所のようなものとなった。もしベトナムやアフガニスタンにおける物理的・政治的地勢が、防衛の容易な非武装地帯を確立できた朝鮮半島に近いものであったら、消耗戦略は「掃討・確保・構築（clear-hold-and-build）」作戦と連動して、敵の疲弊戦略に対して成功を収めていたかもしれない。

消耗または疲弊の戦略を用いるには、一般に次のような考慮が必要である。第一に、係争中の利害について彼我の決意を比較評価する必要がある。第二に、物質的戦力のみでどこまで決定的たりうるかを見定めなければならない。第三に、その地域の物理的・政治的地勢が、いずれかの戦略の実施にいかに影響するかを見極めなければならない。いかなる類の軍事戦略も人命の損失をともなうものだが、政治・軍事の指導者らが潜在的に多大な人命の損失を意図的に受容するという点で、消耗・疲弊戦略は異なっているのである。

第4章　抑止と強制

かつてローマの軍事著作家ウェゲティウスは、印象深くも皮肉な格言を生み出した。「汝平和を欲さば、戦争の備えをせよ」。つまり、平和を確保するにはその正反対の準備をしなければならないということである。たしかにウェゲティウスの格言は、人間の本質についての現実主義的な警告である。しかし、それは抑止の核心的原理を強調するものでもある。つまり侵略を思いとどまらせるには、敵の攻撃を打破できるほど、あるいは少なくとも損害が大きすぎて攻撃の価値がなくなるほどの力があると相手の目に映る必要がある。たしかに、戦争への準備が平和を確保する最善の方法であるとは限らない。こちらが武装することによって周囲に恐怖と不信を引き起こし、先制攻撃を招いてしまうこともありえ、実質的に、避けようとしていたことを引き起こすことにもなりうる。他方で、こちらが弱体であるか、あるいは戦争への準備ができていないように見えれば、侵略を招き寄せてしまうかもしれない。攻撃を抑止することと惹起《じゃっき》することとの間の境界線は実に希薄なものである。実例としては、一九一二年、当時進行中の軍備拡張競争において露仏同盟側はドイツを追い越しつつあったが、その事実によってドイツは危機感を煽《あお》られ、軍事的状況の悪化を待つよりも一九一四年に開戦するというドイツの決断の一因ともなったのである。

抑止と強制（または強要）の軍事戦略は、実質的に一方がもう一方の逆であることから、まとめて議論することができる。抑止とは通常、人々に何か（攻撃を開始することなど）をしないよう決断させることと定義される。強制とはたいてい、人々に何か（軍部隊を撤退させることなど）をするよう強要することと解される。誰かが何かをしないよう抑止ないし説得するには、たいてい何らかの強制行為も必要となる。同様に、誰かに何かをするよう強制するには、通常、多くの抑止活動を実行することにもなる。

これら軍事戦略はともに、敵の戦闘能力よりも、その戦う意志を削るという区分に属する。しかしながら、敵方の能力を一部取り除くか、我方《わがほう》の能力を増強することによって、開戦に至ることなく物量的な不均衡を生じさせ、抑止や強制の目的を達することも可能である。

とはいえ、そのような不均衡がいかに大きくとも、それを利用する政治的意志がともなわなければ抑止や強制の役には立たない。しかも、相手に軍事力行使の意志があるかどうかの見極めは、究極的には主観的な判断である。一九三六年、ヒトラーは英仏の軍事力がドイツよりもはるかに強大であると理解していたが、ラインラントを再占領すべく兵を送り込んだとしても、両国が軍事力をもって反応することはないだろうと、彼は正しく予測したのである。もし英仏のいずれかでも反応していれば、「我々は尻尾を巻いて撤退していただろう」と、ヒトラーはのちに認めている。しかし当時はイギリスもフランスも、対決を迫るような政治的意志を持ち合わせていなかった。

戦争に至ることなく行われる強制（すなわち軍の動員や、国境沿いでの演習、航空機による上空通過などの活動による強制）と、戦争中の強制とを区別する専門家もいる。前者は時として「強制外交」や「武力外交」、あるいは「強引な説得」と呼ばれる。ヒトラーが一九三六年から一九三九年の間に用いた強制外交が非常に効果的だったのは、英仏の平和への希望とヒトラーの拡張への願望が対照的であったためである。ヒトラー流の強制外交は、抑止と強要の要素を組み合わせたものであった。つまり英仏の外交官にとっては、たとえ有利な条件下であっても、戦争に突入するという考えは疎ましいものであったため、ヒトラーはそこにつけ込んで英仏に対する抑止と強制を行うことができたのである。

クラウゼヴィッツなど一部の軍事理論家にとって強制（敵に我方の意思を強要するための武力行使）とは、戦争の基本的な目的である。戦争が始まれば外交が終わるわけではなく、航空機の上空通過など戦争行為と見なされうる武力行使もあるため、平時の強制外交と戦時の強制とを厳密に区別するのが難しい場合もある。これがとくに当てはまるのは、武力行使が平時において発生した場合、あるいはより正確にいえば、かつて防衛業界で「戦争以外の軍事作戦」と呼ばれた状況において発生した場合である。そのような作戦では、制裁措置の執行や飛行禁止区域の設定、対ドラッグ作戦［違法薬物の製造・密輸に対する取り締まり］、打撃・急襲作戦などを典型的にともなう。そうであっても、そのような作戦における武力行使は強制外交と見なしうるかもしれない。というのも、信頼性を確立したり決意を示したりするために、軍事的圧力は時として実際の武力行使とならざるをえないからである。

1　抑止戦略

抑止とは平たくいえば、やる気をなくさせるか思いとどまらせることを指す。抑止の軍事戦略とは、侵略行為を阻止するか、または利益を上回るほどの損失を与えるに十分な物理的・精神的能力を我方が有していると敵に信じさせることである。専門家らは一般に、抑止の四類型を区別している。すなわち、自身に対する攻撃を抑止する直接抑止、友好国または同盟国に対する攻撃を抑止する拡大抑止、潜在的な脅威を抑止する一般抑止、差し迫った攻撃を抑止する緊急抑止である。インドとパキスタンは、それぞれ相手の侵略行為を思いとどまらせるだけの軍事力を保有しているため、双方とも直接抑止を実践していることになる（数度にわたる戦争や国境紛争、小競り合いのため、抑止は不完全かつ不確かな状態となってはいるが）。また、一九五三年七月二七日以来、国連軍部隊は朝鮮半島の非武装地帯（DMZ）沿いで拡大抑止の任務を果たしてきた（ここでもまた多数の衝突や国境紛争があったが）。逆に失敗例としては一九三九年九月一日、英仏がポーランドのために実施した緊急拡大抑止の取り組みは、同国に侵攻しないようヒトラーを説得することに失敗した。

米ソの抑止戦略

冷戦中、抑止理論の研究は飛躍的に拡大し、実質的にあらゆる類の抑止が何らかのかたちで超大国およびその同盟国によって用いられた。核兵器の破壊力に鑑み、全面戦争の一部であろうとなかろうと、その使用を防止することが大半の抑止理論の関心となった。核抑止は、「恐怖の均衡」を保つことに懸かっていたのである。つまり、いずれの当事者による攻撃も、結果として敗北のみならず破滅を招き、それが同盟国や中立国にも拡大しうることを意味していた。一九四六年、著名な戦略家バーナード・ブロディは、この理由で原子爆弾（「絶対兵器」）の政治的手段としての有用性に疑義を呈した。ブロディは、合理的な政治目標がたった二つになったため、核兵器が戦略に革命をもたらしたのだと信じていた。二つの政治目標とはすなわち武力紛争の回避、またはその封じ込めである。とはいえ核兵器は数年のうちに、米国大統領ドワイト・アイゼンハワーの「大量報復」政策に不可欠なものとなった。その政策は、いかなる侵略行為に対しても、侵略者を破滅させるに十分な軍事力をもって対応すると断言するものであった。アイゼンハワー政権は一九五四年にこの政策を正式に発表したが、それはあまりにも柔軟性に欠けていたため長続きしなかった。自国や同盟国の本土への全面侵略に対して核兵器を使用するのは正当化されるかもしれないが、地域紛争に関わる小国に対して核兵器を使用するのは過剰であるか、ともすれば非道徳的とさえみなされたであろう。

結果として核兵器は、毛沢東などの政治指導者に「張り子の虎」と称されることになる。実際、朝鮮半島やベトナムにおける紛争は、毛沢東の主張を証明したかのようであった。つまりブロディの絶対兵器では、革命運動に連なる紛争の拡散を防ぐことも封じ込めることもできなかった。とはいえ、米ソ両国による相互の直接攻撃を抑止する上での核兵器の価値を理解した途端、毛沢東の見解も変化したのである。

恐怖の均衡は、ブロディの描いたような戦略の革命をもたらしはしなかったものの、戦略上の新た

図6　ウクライナで実弾演習を行う米軍とウクライナ軍の兵士（2016年1月）
2016年1月、ウクライナ・ヤボロフ近郊で実弾訓練演習を共同実施するアメリカの落下傘兵とウクライナの機械化部隊。この種の合同訓練演習は、同盟国や連携パートナー間の関係を強化し、潜在的な侵略者に対して決意を表明することにより、抑止に貢献する。

な現実を生み出し、抑止理論家への新たな課題をもたらした。米国とソ連は結局、相互確証破壊（Mutual Assured Destruction: MAD、この略称の皮肉は誰の目にも明らかであった）の抑止政策に落ち着いた。相互確証破壊の基本概念は、各当事国が奇襲的な第一撃を受けた場合でも、相手国を確実に破滅させられる程度の第二撃能力を有するべきだということである。しかしその政策が機能するには、確証破壊をもたらすに十分な第二撃能力を相手が保有することに、当事国の双方が同意しなければならなかった。したがって、米ソ両国の核政策の歴史が示すように、相互確証破壊（MAD）はすぐに相互同意確証破壊（Mutual Agreed Assured Destruction: MAAD）を生み出すことになった。相互同意確証破壊という概念も弱点を抱えてはいたが、抑止戦略にとっての重要な帰結を明らかにするものであった。すなわち相互の脆弱《ぜいじゃく》性が、相互の安全保障に寄与しうるということである。言い換えれば、もし双方が真に平和を望むのであれば、自国の防衛態勢のなかにある程度の脆弱性を許容しなければならないだろう、ということであった。

一九八五年までに、生物・化学弾頭を除き、米国は約二万四〇〇〇発、ソ連は約四万発の核兵器を保有するに至った。双方は結局、戦略兵器制限交渉（ＳＡＬＴ）をもって核備蓄の制限に、さらに戦略兵器削減交渉（ＳＴＡＲＴ）を通じてその削減に合意した。二〇〇二年までに、米国と旧ソ連はそれぞれ一万一〇〇〇発まで核兵器備蓄量を減少させた。

恐怖の均衡が持続し、核戦争は明らかに回避されたのである。

冷戦は、ソ連の経済的疲弊および解体をもって一九九〇年代初頭に終結した。この結果を受けて専門家らが抑止の成功を主張したことにも、ある程度の正当性があるといえる。しかし、この見解に異議を唱えて譲らない者もいる。ＮＡＴＯとワルシャワ条約機構との間で大戦争は発生しなかったものの、周辺地域での局地的な戦争が数回、ラテンアメリカ、アジア、中東において勃発したではないか、という主張である。たとえば一九六二年のキューバ・ミサイル危機や、一九七三年の第四次中東戦争は、すんでの事でエスカレートしそうになった危機であった。また批評家らは、一九八〇年代にレーガン政権が戦略防衛構想（「スターウォーズ」計画とも知られる）やステルス技術などの通常兵器にかける米国の予算支出を急激に増加させ、抑止を危険にさらしたとも主張した。さらに専門家らは、西側が冷戦中に犯した過ちから学び、冷戦後の多極的な環境においてより効果的に抑止を適用できるかどうか思案した。

米中の抑止戦略

冷戦の終結以降、米国とその同盟国、そして中華人民共和国は、西太平洋地域において多種多様な抑止を実践してきた。中国は、東シナ海および南シナ海における他国の海軍艦艇の行動を拒絶ないしは制限するよう、陸上配備型の対艦弾道ミサイルと巡航ミサイルを数百発〔現在では数千発〕も配備し、一種の直接抑止を実施してきた。中国の意図は、自らの核心的利益とみなす地域における外国の干渉を防止することにあるため、中国はこの戦略を「対介入」あるいは「周辺防衛」であると考えているであろう。

対照的にペンタゴンの見解では、こうした中国の戦略は、当該地域の同盟国に拡大抑止を提供する米国の能力を阻害することから、「接近阻止・領域拒否（A2AD）」ということになる。中国の対介入戦略は、近代的な航空・ミサイル技術を用いるだけでなく、中国が「政治戦」と呼ぶものも含んでいる。それは、いかなる干渉行為の合法性も否定すること（法律戦とも呼ばれる）や、介入に反対する世論の動員、そして心理戦をともなう。それに応じて、米国とその同盟国は、西太平洋地域における中国および北朝鮮の艦艇の行動を制限する独自のA2AD戦略の採用を検討している。この西側の対抗措置が実施されれば、結果としては環太平洋地域に沿って航空・ミサイル防衛圏が重複する状況となるであろう。

抑止は成功することもあるが、重大な制約がいくつかあることも明らかである。第一に、抑止戦略がどれほどうまく機能しているかを評価するのが困難でありうる。武力紛争が発生しないのが抑止のおかげなのか、それとも抑止に反してなのか、常に分かるとは限らない。元・米国家安全保障担当補佐官ヘンリー・キッシンジャーがかつて指摘したように、「抑止は、起こらない出来事によって否定的にしか検証されえず、そしてなぜ何かが起こらなかったかを証明するのは不可能である。このため、既存の政策が最善のものだったのか、あるいはぎりぎり有効であるに過ぎないものだったのかを判断することは、とくに難しくなった」。

第二の制約は、抑止の本質的な脆《もろ》さであり、抑止の曖昧《あいまい》さと密接に関連している。一九八〇年代半ばまでに、抑止とは変わりゆく技術的、軍事的、政治的、外交的な変数をいくつもともなうギャンブルであるとの見方が専門家の間では珍しくなくなった。

これらの理由から、戦争回避のため両者が積極的にコミットしない限り、長期にわたって抑止が平和を守ってくれると期待するのは無理である。技術的、軍事的、政治的、外交的な力関係は時間の経過とともに、時として劇的に変化し、一方が好機を得て優位に立つことになるだろう。たとえば一八九〇年、イギリスは海軍力（主力艦数）においてリードしており、フランスとロシアがそれぞれ第二位、第三位であった。一九〇六年までに、その状況は変わった。というのも、イギリスは依然として第一位の座にあったが、米国が第二位にのし上がり、フランスが第三位に滑り落ち、日本が第四位、ドイツが第五位に入った。一九一三年時点では、イギリスはリードを保持したが、ドイツが米国を抜いて第二位となり、一方のフランスと日本は第四位タイとなった。つまり、第一次世界大戦に至る四半世紀のうちに海軍力のバランスは少なくとも三度変化し、ある国々は敵対国に対して相対的な優位に立ち、潜在的に武力紛争への扉が開かれたのである。したがって抑止とは、望ましい結果としてだけでなく、常に注意を要する過程《プロセス》として考えるのがよい。

第三に、いかなる軍事戦略についてもいえることだが、とくに潜在的侵略者のすべてが抑止可能であるとは限らないため、抑止の成功は敵をよく知ることに懸かっている。アドルフ・ヒトラーのように、遅延させることはできても真に抑止することのできない相手もいる。そのような相手が手を止めるとしても、さらに有利になるまでの間のことでしかない。その上、冷戦後の時代には、いわゆる自爆テロという現象によって抑止に関する従来の理解は挑戦に晒《さら》されている。たとえば、二〇〇一年九月一一日の米国におけるテロ攻撃は、犯人自らの死が確実であっても実行された。潜在的な攻撃者が死を恐れないとすれば、どうしてそれを抑止することができよう。

狂信者や、いわゆる非合理的行為者をいかにして抑止するかについては、さまざまな理論が提唱されてきた。これらの理論は、攻撃によって望まれる結果（大量殺人など）が達成される見込みを低減するための拒否的手法（防御施設の強化や目標の分散）と、そのような攻撃の対価が必ず重く、より広く課されるようにするための報復攻撃を含んでいる。ここでも、そうした措置の成功を評価するのは依然として困難である。しかも敵対者それぞれの価値観に著しい相違があるとき、それは輪をかけて難しくなるのである。

第四に、抑止では、もしかすると他のいかなる種類の軍事戦略よりも、当事者それぞれが相手の行動と反応を理解できるような、見解の相似性ないしは期待の基準が必要になる。この見解の相似性の一つの表現法が、「合理的行為者」という用語である。それには多様な定義がありうるが、この文脈においては、当事者らが軍事行動の損失《コスト》と便益《ベネフィット》を同じように考量する傾向にあるということを意味する。そのような基礎がなければ誤解が生じやすくなり、過剰反応につながることもある。

米RAND研究所の防衛アナリスト、ハーマン・カーンの諸理論は、合理的行為者モデルの範疇外にある考え方の例である。カーンは、核戦争は自殺行為であるという、当時は合理的であると考えられていた通念を拒絶した。むしろ彼は、大胆にも「考えられないことを考え」、核の応酬に勝利することができると想定した。自身の主張を支えるため、彼は四四段階から成る詳細なエスカレーション・ラダー〔危機におけるエスカレーションの段階を表現する概念〕を考案し、その最後の段階は「痙攣《けいれん》」ないしは「無知覚戦争」であった。この段階までに各国の中央司令部は破壊されているが、死んだ後に脚がピクピク動き続ける蜘蛛のように、反射的に兵器を発射し続ける。カーンによれば、両者はラダーのどの地点においてもエスカレートしない選択をすることができる。しかし彼の分析は、恐怖や摩擦、文化、そして心理の影響を（認めてはいるが）軽視している。それらすべての要因によって、一度始まったエスカレーションを止めることは難しくなるであろう。核戦争に勝利することができると想定し、エスカレーションの力学を過度に単純化したことから、カーンの諸理論は、国家元首らが戦略的計算において不当なリスクを受け入れるよう求めるものであった。つまり、もし国家元首がその理論に従っていれば、当時の大半の戦略思想家からすれば「非合理的に」行動していたことになったであろう。そのためカーンの思想は、混沌《こんとん》とした国際関係論の分野よりも、透明なゲーム理論の世界において受容された。

最後に、抑止は繊細な勢力均衡に依拠しているため、他の軍事戦略よりも摩擦や不確実性［ともに、クラウゼヴィッツが指摘した戦争における偶発性を指す概念］の影響を受けやすいかもしれない。事故は大なり小なり、我々の予防努力にかかわらず（あるいはそれゆえに）当然に起こるものである。戦略の分野においては、ある事故が本当に事故であったのかを確かめるのが難しいこともある。他国へ越境した軍用機は単に迷い込んだのか、あるいは特殊な任務を負っていたのであろうか？　事故や予期せぬ事態に当事者がいかに反応するかによって抑止は容易に揺らぎうるし、とくに意思疎通の努力が誤解されればなおさらである。これは核抑止についてとくに当てはまる。核兵器の破壊力とその運搬速度のため、過誤が許される余地はほとんどない。したがって意思疎通が肝要であるが、文化的・心理的フィルターが一種の摩擦となって、メッセージの意図が歪《ゆが》められてしまうことがある。これは、曖昧性が戦略にとって決して有益たりえないということではない。時として、こちらの立場について相手に悩ませておくのが役立つこともある。実際、曖昧性は一九七九年の台湾関係法の根底を成す原理の一つである。同法では米国が台湾の独立を支持しないことが明記されているが、両者の「強固な非公式関係」と政府関係者が呼ぶものの基礎も築かれたのである。

2　強制戦略

抑止と同様に、懲罰、拒否、脅迫、そして報奨を典型的にともなう強制戦略は、何世紀にもわたって用いられてきた。ローマ軍は、敵を殲滅《せんめつ》したり奴隷にしたりするのではなく、敵への強制を意図した懲罰行動を数多く実施した。過酷な懲罰となる例もあったかもしれないが、結局ローマが求めていたのは破壊ではなく朝貢《ちょうこう》であった。中世の戦争も、家畜を奪い、収穫物を焼き払い、あるいは税を徴収するなど、たいていは懲罰的または拒否的な軍事行動を通じて敵に強制することを目的としていた。そのような紛争は歴史上ありふれているが、膨大な破壊をもたらす産業化時代の戦争と核兵器の登場により状況は一変した。つまり、全面戦争に至らない状況における軍事戦略として、強制（または国際関係論の用語では強要）を再発見する必要性が生じたのである。

制限戦争

一九五〇年代から一九六〇年代にかけて、退役軍人で国家安全保障アナリストであったロバート・E・オスグッドは、その世代の政治学者としては初めて、第二次世界大戦でのように敵をあからさまに粉砕することを超えて軍事力をいかに用いるかを模索した。オスグッドは一九五七年初刊の著書『制限戦争』において、戦争の目的を「外交から戦争未満の危機、そして公然の武力衝突までの連続的なスペクトラムに沿って、敵の意思に望ましい影響を行使するため実力を巧みに」用いること、と定義した。慎重な軍事力の適用によって敵の行動を変更することができると彼は信じていたのである。当時、その考えは革命的であると同時に永久不変のものでもあった。というのも、一種の暴力的な交渉としての強制は、戦争と起源を同じくするほど古いものだからである。しかし二〇世紀半ばまでに、ダグラス・マッカーサー大将のような軍実務者は、戦争の真の目的は決定的勝利であるべきで、その結果として交渉がはるかに容易になるか、もしかすると交渉の必要すらなくなると信じていた。そのような考えによれば、交渉とは、強制を可能とする勝利を収めるのに失敗したことを意味していた。

またオスグッドは、外交と戦争は政治的権威と軍事的権威とのあいだで分断された別個の活動ではなく、「連続的なスペクトラム」であるとみなした。その紛争スペクトラムはしばしば法的、教義的、あるいは官僚的な目的で分割されるが、そうした分断は本質的には人為的なものにすぎないと、オスグッドは政策立案者や軍事専門家に念を押したのである。つまり戦略的強制は、他の手段による外交の継続なのである。

非道なる外交

オスグッドの『制限戦争』の刊行直後、もう一人の重要な戦略理論家が強制という概念の体系的な探求を行い、その後長らく評価されることとなった。ハーバード大学の経済学者で、ノーベル賞受賞者のトマス・C・シェリングである。シェリングは、この論題について『兵器と影響力』という画期的な著書を発表し、軍事力は全面戦争に至らないまま敵の行動に影響を与えるのみならず、慎重に制御された方法で適用することで、強要し、脅迫し、あるいは抑止することもできると主張した。シェリングはこう断言している。「傷つける力が交渉の力である。それを利用するのが外交である。非道な外交であるにせよ、外交には違いない」。よって強制や「非道なる外交」の目標は、その過程で自らの行動を大きく修正することなく、敵の行動を変更させることである。シェリングは武力衝突の多くを「交渉的状況《バーゲニング》」とみなし、この見解が戦争の「交渉モデル」の基礎を成した。このモデルにおいて軍事力は、暴力的な物々交換の過程で消費される一種の通貨としての役割を果たす。しかし、この理論の問題点はベトナムではっきりと証明された。というのもベトナムには、米国が与えうる以上の苦痛に耐える覚悟があったからである。結果的に米国の政治指導者らにとっては、この物々交換を通じて名誉ある平和を掴みとることが難しくなった。

北米のプレーリー・インディアンに対する米陸軍の戦役は、シェリングの非道なる外交の実践を如実に示すものである。一八六五年から一八九〇年にかけて、米陸軍はプレーリー・インディアンと一〇〇〇回近く交戦した。その大きな目的は、米国政府にとって価値の低い領地へ移住するようインディアンたちに強要することであり、そのあからさまな残酷さに対して世間の激しい非難を招くことなく計画を実行することであった。その計画の強要的な側面は、強制に特有かつ有名なアメとムチ（報奨と懲罰）に基づき、移住のための食料や住居の提供といった正の誘因と、それを拒否した場合の武力行使という負の結末から成っていた。軍事的要素（ムチ）は、軍隊が戦争において伝統的に行ってきたこと、つまり敵の戦闘および生存の手段に対する攻撃に集中していた。この戦略は消耗、疲弊、テロ、そして分断統治のアプローチを組み合わせたものであった。住居、食料、ポニー、そして一部のケースでは人質を奪われ、とくに厳しい冬や夏の干ばつの間にそうした物理的・精神的な危害が加えられた場合、インディアンの抵抗意志はたいてい挫《くじ》かれてしまったのである。ひとたびインディアンたちの抵抗手段が破壊または略奪されてしまえば、彼らは米国の移住政策に従うほかなかった。この残酷な強制の過程（脅迫、交渉、攻撃、再交渉、そして再び脅迫）は、米国政府がその目的を達するまでたびたび繰り返された。

強制戦略の現在

ステルスと精密爆撃の技術によって西側のエア・パワーの有効性が高まった一九九〇年代、強制理論家はこの概念に回帰した。これらの技術により、エア・パワーは強制の手段としての柔軟性が向上した。すなわち敵を迅速に、正確に、そして友軍被害のリスクを大きく抑えて攻撃することができるのである。この時期の強制理論への貢献は、シェリングの考えをさらに先へ進めようという試みであった。その過程で、少なくとも二つの学派が登場してきた。第一の学派では、強制戦略が最も大きな成功を収めるのは、脅しを実行せずに済むときであると考えられている。つまり実際の武力行使（すでに与えられた苦痛）以上に、軍事的脅迫（これから与えられる苦痛）こそが最も重要であるという。一九九四年、米国がハイチでのクーデターを覆すため軍事介入を行うと威嚇したとき、たしかにこれが当てはまっていた。その脅迫には十分な信《しん》憑《ぴょう》性があったため、ジャン＝ベルトラン・アリスティド大統領を転覆させたハイチの軍事政権では誰一人それに挑戦しようという者はおらず、したがってアリスティドが復権したのである。しかし一九九〇～一九九一年、軍事的脅迫の規模をさらに大きくしても、サダム・フセインにクウェートからの撤退を強制することはできなかった。サダム・フセインの服従は、戦闘を通じてでしか得られなかったのである。その上、こちらの強制の行使を軍事的脅迫のみに限定してしまえば、（ジェノサイドや絶滅を意図した武力行使を除き）実質的にあらゆる戦争において、いかに強制がありふれたものであるかを見逃しかねない（我方の意思を敵に強いるための武力行使、というクラウゼヴィッツの戦争の定義を思い返してもらいたい）。ある集団の抹殺やジェノサイドとは性質の異なる民族浄化でさえ、ある領土から立ち退くようその集団に強制することをともなうものである。

したがって第二の学派は、強制とは軍事的失敗の脅迫（つまり、従った方がよいと敵が気づくまで、その軍事力を体系的に破壊すること）に依拠するという。相手が目的を達することのできないよう破壊を行うことが核心にあるため、これは拒否的強制として知られる。この種の強制は、一九九九年、スロボダン・ミロシェヴィッチ大統領指揮下のセルビア軍部隊に対するNATOの大規模爆撃作戦によって実証された。NATOの目標はセルビア兵がコソボから撤退するよう強要することであり、爆撃作戦によってミロシェヴィッチの軍事力を体系的に破壊しはじめた。しかしミロシェヴィッチの撤退命令は、爆撃作戦の開始から七週間以上が経過した一九九九年六月三日まで下されなかった。その時点までに、NATOの指導者らは地上部隊の投入を検討すると公に合意し、依然としてNATO分裂の兆候もまったくなく、そして従来セルビアを支援していたロシアもNATOと協力しはじめた。そのような展開のなかで、ミロシェヴィッチの成功の見込みは消えていった。NATO側がミロシェヴィッチの譲歩を引き出した決め手などというものが果たして存在したのかどうかは、決して明らかにならなかった。にもかかわらず、その後エア・パワーとランド・パワーの信奉者は、どちらの軍種がミロシェヴィッチの決断において真に決定的であったかを議論した。実際には、そのどちらでもなかったかもしれない。というのも、元・米国国家安全保障担当補佐官ズビグネフ・ブレジンスキーの示唆したところによれば、セルビアに対するロシアの外交圧力のほうが重要だったからである。

特筆すべき成功例がもう一つ、二〇〇三年一二月に起こった。それはリビアのムアンマル・カダフィ大統領が、大量破壊兵器の破棄と西側からの査察検証の受け入れに同意したことであった。ここでも専門家らは、なぜカダフィが譲歩したのかを議論した。しかし何ヵ月にもわたる外交圧力と経済制裁、そしてアフガニスタン（二〇〇二年）とイラク（二〇〇三年）における武力行使を再現するという脅迫、そのすべてがカダフィの決断に寄与したようである。

強制戦略の長所と短所

一九九九年コソボと二〇〇三年リビアの両事例が示しているのは、（もしあるとしても）どの軍事手段が敵に対して真に決定的な強制的効果を発揮したのか、断定するのが困難な場合もあるということである（もっとも、各軍種は強弁に功績を主張しているが）。いずれにせよ、近代的な航空戦力をもってしても、西側による強制戦略の適用実績は成功例ばかりではない。単一要因による説明理論を受け入れるのは、平時においても戦時においても常に危ういものである。そのような理論が存在するとしても、状況の曖昧性をえり分けて唯一最大の決定的な強制手段を見つけだそうと試みるより、強制は複数形態の外交、軍事、経済、情報の手段を複合的に用いることと考えるのが最適である。これらの手段は、たとえ強制戦略の定義と相反することになったとしても、特定の制裁措置の解除など「アメ」を用いることを除外するものではない。実践において重要なのは定義ではなく、その戦略が成功するかどうかなのである。

強制には、抑止と同様の欠点が数多くある。そこで必要となるのは、潜在的に流動性のある状況の積極的監視、文化的・心理的な障害を超えて信頼性を保ちうる意思疎通、そして特定の行動に関する最低限度の共通認識である。その他多くの戦略と同様、強制は鏡像化（こちらの価値観や思考法を敵に投影すること）の影響を受けやすい。そうした投影は、敵が何を大切にし、いかに振る舞うかについて危険な思い込みを生じさせる。ベトナム戦争においてアメリカの空爆作戦が失敗したのは、鏡像化に原因の一端があった。すなわち米国の政策立案者らは、自分たちが反応するのと同じようにベトナムの指導部が空爆に反応するだろうと想定していたのである。

理論上、強制外交その他形式の強制は、消耗や殲滅などの軍事戦略よりも、エスカレーションにおける柔軟性と制御性に優れている。たとえば、二〇一〇年代にロシアや中国が実行したように、限定的な目標のために「段階的圧力」という形で武力を行使することがありうる。まず暗に脅迫として示威行動をとり、それから南シナ海の島々を選択的に占領するなど、徐々に軍事力を適用していく。そして目的が達せられるまで、兵力を増派したり周辺の防衛手段を増強したりすることによって、軍事力の量や烈度を増大させる。そのプロセスを止めるには、相手方がさらに積極的な武力行使を行わなければならないが、その用意がないかもしれない。このようにして、敵のエスカレーション閾値《いきち》にぎりぎり満たない範囲で活動し、徐々に影響力を行使することが可能である。理論上は、戦火が交わされてはじめても必要以上の軍事力、あるいは世論が許す以上の軍事力を必ずしも投入することなく、同様のアプローチを維持することができる。しかし実際には、とくに敵がエスカレーションを厭《いと》わない場合、この段階的手法は敵に主導権を握る機会を与えてしまい、危険なかたちで裏目に出ることがありうる。

一方では軍事的圧力を徐々に、あるいは段階的に加えることで、最低限のコストで我方の目的を達成できる可能性が出てくる。他方、とくに無関心か、不本意か、または分裂した世論の上に政権が立脚している場合、そのアプローチによって紛争が長引き、損失が増え、我方の目的が危険にさらされてしまうこともある。また摩擦や人間的感情の影響により、こちらが用いるべき軍事力のレベルを評価および制御することが難しくなることもある。ジョンソン政権が思い知ったように、ベトナムにおける米国の段階的手法は、暴力のレベルをもう一段階上げれば米国の目的が達せられるという希望的観測に基づいた逐次的エスカレーションを招いた。しかし、もし最初から米国がより大きな軍事力を用いていたとしても、アメリカの勝利、または少なくとも米国にとって有利な決着が達成されたかどうかは明らかでない。しかも大規模軍事介入という選択肢は当時、限られた政治的支持しか得られなかったのである。

要するに抑止と強制は、同じコインの裏表のように、表裏一体の関係を成すものである。敵に何かをしないよう選択させることは、敵に他の何かをするよう選択させることと密接に関連している。両戦略の成功には、似たような条件が必要になる。すなわち、敵に関する確かな知識、信頼性の高い軍事力、積極的な監視、そして一定の共有された意思疎通と期待である。とくに後者二つがなければ、抑止と強制は予期せぬ事態に脆《もろ》くなる。たしかに成功条件が常に揃っているとは限らず、いずれの戦略も軍備拡張競争（敵の軍事力に後《おく》れを取らずついていく、あるいは追い越すための努力と定義）を招いてしまうことがある。歴史の示すように、軍拡競争とはしばしば、単に抑止と強制の手段に過ぎないのである。

第5章　テロとテロリズム

「恐怖《テロ》は、信じられないほど強力な心理的武器である」。そう述べたのは、血みどろのアルジェリア独立戦争（一九五四〜一九六二年）中にアルジェリア総督であったジャック・スーステルであった。「喉元を裂かれた遺体や、バラバラに切断された遺体の苦痛にゆがんだ顔を前にして、抵抗の活力は消えてなくなる。原動力を挫《くじ》かれてしまうのである」と彼は続けた。テロが唯一の原因だったわけではないが、アルジェリア紛争では一〇〇万人以上が命を落とした。テロの行使は通常、二つの形式のうちいずれかをとる。すなわち第二次世界大戦中の戦略爆撃作戦のような、一般市民の士気を挫くための大規模無差別爆撃か、または独立戦争中にアルジェリア民族主義者らの行った政治的暗殺のような、選択的かつ精密な標的攻撃である。テロやテロリズムが軍事戦略となりうるのは、主にその強制力のためである。それは敵の戦う意志を挫いたり、敵国の政策や行動に変化を促したりするため用いられる。テロリストはたいてい、物質的な利得よりも心理的な価値によって標的を選ぶ。実際、テロ攻撃は物理的にはほとんど害を及ぼさないかもしれない。テロは、単なる軍事戦略にとどまらない。しばしば犯罪ギャングや麻薬カルテルは、自らの活動を保護し、敵対勢力に警告を与えるためテロを用いる。強制や脅迫のために行使されるテロは、人間社会そのものと同じぐらい歴史が古いといえるかもしれない。しかしデジタル通信の時代において、あらゆるテロ行為の影響がその発生の瞬間に世界中の聴衆《オーディエンス》に及びうるため、テロがより広まっているように思われるのもたしかである。

仮にテロが、（スーステルの述べたような）足のすくむ恐怖感を植え付けるための暴力の行使にすぎないとしても、テロリズム自体はさらに定義が難しい。公式の定義では、テロリズムとは世論に影響を与えるか、または政府の政策を修正するため非戦闘員に対して向けられる（無差別またはそれ以外の）暴力、と説明されている。たとえば米国務省は、テロリズムとは「政治的な動機に基づき、準国家組織や秘密工作員によって非戦闘員に対して行使される計画的暴力」であると定義している。しかしよく言われるように、ある者にとってのテロリストは、またある者にとっては自由の戦士である。たとえばネルソン・マンデラは、南アフリカで初の黒人大統領となりアパルトヘイトの廃止に尽力したが、それ以前にはテロリストとして広く糾弾され、政治犯として四半世紀以上を耐え忍んだ。アイルランド共和軍（ＩＲＡ）、バスク祖国と自由（ＥＴＡ）、コロンビア革命軍（ＦＡＲＣ）、そしてハマス、ヒズボラ、アルカイダなど多くの武装集団がテロ組織と断定されてきたが、当然、彼ら自身の見方は異なる。実際、テロ行為を抵抗運動や戦争行為から区別するのは、ほぼ完全に個人の見方次第となる場合もある。

テロリズムを戦略の一種ではなく、戦術ないしは一連の手法とみなす専門家もいる。たしかに、多くの場合それは正しい。紀元六六年から七三年にかけて、イェルサレムのユダヤ人シカリ派（短剣の暗殺者）は、親ローマ派とみなした政治・宗教の有力者らを殺害した。それは単なる暗殺ではなく、特別な方法で行われたため、ユダヤ人住民の間に恐怖と不安を巻き起こした。というのもシカリ派は、たとえば混雑した市場で、そんなことには思いもよらない犠牲者に近づき、隠し持った短剣で致命傷を負わせ、すぐにまた人混みの中へ溶け込んでいくのである。そのような迅速かつ残忍な攻撃によって恐怖感が生じ、ローマ支配からのユダヤ人解放を支持するよう一部の住民を強制することに寄与した。

しかし、より大きな政策目的の追求において体系的に用いられれば、テロリズムが首尾一貫した戦略となりうるということでも、専門家らの意見は一致している。たとえば一九七二年のミュンヘン五輪では、パレスチナ人テロリストがイスラエル人アスリート一一名を殺害した。その虐殺は、パレスチナの大義を国際舞台に押し上げて政治的変化を強いるための、より大きな計画の一部であったといわれている。テロの戦略的行使は、ウラジーミル・レーニン、毛沢東、ホー・チ・ミン、そしてチェ・ゲバラといった歴史上の革命指導者に用いられた例もある。しかし彼らの多くは、テロの行使が逆効果になりうると気づくこととなった。というのも、テロによって誘い込もうとしている、まさにその対象の人々を怯《おび》えさせ、追いやってしまうことがあるからである。

1　戦略テロ爆撃

戦略爆撃ドクトリン

戦略爆撃ドクトリンは、第一次世界大戦後すぐに生まれた。それは当初、イタリア陸軍将校ジュリオ・ドゥーエの諸理論によって形作られた。彼が一九二一年に上梓した専門書『制空』は大きな影響を及ぼしている。ウィリアム・「ビリー」・ミッチェルのような米軍将校や、ヒュー・トレンチャードやジョン・「ジャック」・スレッサーら英軍将校も諸々の考えを提案し、戦間期にエアパワー・ドクトリンを発展させた。ミッチェルは、第一次世界大戦中フランスで米軍航空部隊を指揮した米陸軍の通信将校であった。彼は米国で数々の著作を発表したが、特筆すべきは『我々の空軍』（一九二一年）と『空軍による防衛』（一九二五年）で、それぞれ本質的にはドゥーエと同様のメッセージを伝えている。すなわち長距離爆撃を実行可能な、独立した空軍が近代戦には必要だということである。ヒュー・トレンチャードは第一次世界大戦中の英陸軍航空隊の指揮官で、一九一九年から一九二九年まで英空軍総長を務めた。スレッサーは第一次世界大戦中の陸軍航空隊（英空軍）の戦闘機パイロットで、のちに英空軍の作戦課長を務め、その運用ドクトリンの進展に尽力した。空軍ドクトリンにおける彼の最も重要な著作は、『エア・パワーと陸軍』（一九三六年）である。

ドゥーエは、国家の「生命中枢」（国家機能に不可欠な社会的、政治的、経済的、軍事的結節点）を爆撃することで、国家を恐怖によって屈服させることができ、よって地上作戦は無用であると主張した。ミッチェルもこれらの見解を支持したが、彼をはじめとするアメリカのエア・パワー理論家らは当時、人口密集地よりも軍需工場などの産業目標を爆撃することにより大きな関心を抱いていた。しかし、これは多くの点で違いのない区別であった。というのも工場と人口密集地はしばしば近接しており、工場のみを攻撃できるほどの精度はエア・パワーになかったからである。いずれにせよ、その根底にある論理は、士気の喪失と物理的能力の破壊とが密接な関連を持つであろうということであった。トレンチャードもまた、産業中心地を爆撃する考えを支持した。生産を阻害するというだけでなく、もしかすると工場労働者の士気と、さらには一般市民の士気を挫けるということに彼は利点を見出したのである。戦後の報告書に彼はこう書き記している。「現在、爆撃の精神的効果は二〇対一の割合で間違いなく物質的効果を上回っており、よって最大限の精神的効果を生じさせることが必要であった」。続けて彼が説明したところでは、戦争中に彼が有していた限定的な戦力資源《アセット》では、ドイツ国内の主要な産業中心地すべてを破壊することはできず、それを行うには戦争をさらに四、五年長引かせなければならなかった。そのかわり彼は「手の届く限り多くの拠点を攻撃すること」に集中し、「よって、まず第一に精神的効果が非常に大きくなった。安全であると感じる街は一つもなくなったからである」。

これら初期のエア・パワー信奉者らは産業目標への攻撃を公然と議論していたが、大量の民間人被害を出すことなくそうした目標を破壊するには、空爆の精度がまったく不十分であった。その上、敵国民に恐怖を与えるという目標が議論から本当に消えたことはなく、常に少なくとも暗示されていたのである。

戦略テロ爆撃の心理的効果

トレンチャードの二〇対一という割合は、当時(そして以降ずっと)批評家らから高すぎると考えられており、いずれにせよ検証も不可能であった。この割合は一部には、ロンドン爆撃における彼自身の経験にかられて生み出されたものである可能性が高い。というのも、彼はドイツ軍による初期の爆撃を受けて、悲観的な見通しを英国の戦時内閣に上申した指揮官数人のうちの一人であった。それはまた一部には、当時多くの将校や政策立案者が抱いていた、都市部大衆の「堕落」した精神力(心理的耐久性)への軽蔑から生じていた。その軽蔑とは、大衆は活力を奪う近代社会の負荷に数十年間耐えて、「神経過敏」で不安定になってしまった、というものであった。つまり、ある社会の戦意に弱い部分があるとすれば、恵まれない階級の人々(労働組合で結束し、「反愛国的」な教養に従う傾向をすでに示していた者たち)にそれが見出される、と多くの者は信じていたのである。

この種のテロ爆撃は、第一次世界大戦のはるか以前から一つの可能性として明示的に言及されていた。イギリスのSF作家H・G・ウェルズは、『空の戦争』(一九〇八年)の中で、空襲は恐ろしく、とてつもなく破壊的で、それでいて決定的にならないと予測した。その翌年には、いかに未来の大爆撃機がまぎれもない恐怖となるか、欧米の航空専門家らがこぞって警告した。実際、その恐怖が長期的には戦争勃発の蓋然性を低くするだろうと多くの者が主張した。一九一二年ドイツ軍参謀総長ヘルムート・フォン・モルトケ大将[小モルトケ]は、英仏の中心部への空襲によって達成しうる成果について、大きな期待を表明した。ドイツ帝国海軍の長であったアルフレート・フォン・ティルピッツ大将も同意したものの、もし爆弾が罪のない子供や老人に当たれば、爆撃に対する道徳的反発が起こるかもしれない、と留保を示した。とはいえ、破壊力さえ十分に大きければ、そのような心配事は巨大な爆撃の渦中に消えるかもしれない。第一次世界大戦の始まるほんの数ヵ月前、アメリカの航空関係者らは、ニューヨークなど大都市に対する空襲が、火災や高性能爆弾、それらに起因するパニックによる人命の喪失のため、凄惨な結果になりうると警告した。

ドイツの飛行船は高高度で巡航し、爆弾の搭載量も大きかったため、そのような長距離テロ爆撃には固定翼機よりも適していた。総じて、第一次世界大戦中ドイツはロンドンその他イギリス国内の都市に五四回の空襲を行い、結果として実際にパニックが広まったのである。伝えられるところによれば、工場労働者はストレスで睡眠を奪われ、メディアは大騒ぎで、議会における議論は白熱し、イギリスの士気も下り坂であったという。しかしイギリス側の防空網の改善と天候上の問題により、ツェッペリンなどの飛行船の有効性は低下した。くわえて、ひとたびそのような空襲を生き延びることができるとイギリス人が自ら証明すると、その後の爆撃は以前ほど恐ろしくはなくなった。つまり交戦国の市民は、空爆による恐怖と衝撃から心理的に立ち直ることができたのである。このように、テロの心理的効果は必ずしも永続的なものではなかった。

しかし、長距離テロ爆撃の限界を示すこれらの事例にもかかわらず、第二次世界大戦において政治・軍事指導者らが思いとどまることはなかった。枢軸国と連合国の指導者は双方とも、互いの都市をテロ爆撃することによって迅速に勝利を収めようと試みた。その最も悪名高い事例は、イギリスを戦争から脱落させるべく、一九四〇年にヒトラーが仕掛けたロンドンおよび周辺諸都市への爆撃であろう。いわゆる「ロンドン大空襲」の最初の二ヵ月間、一日二〇〇発近くのミサイルがロンドンに降り注ぎ、多大な恐怖と犠牲者を出した。しかしその猛爆撃も、イギリスの士気を挫きはしなかった。

大戦後期、ヒトラーはイギリスの決意を衰えさせ、ことによると同盟を決裂させせようという必死の試みから、新種のテロ兵器、いわゆる報復兵器（V－1飛行爆弾とV－2ロケット）の使用に及んだ。一九四四年六月から一九四五年三月にかけて、V－1およそ二五〇〇発、およびV－2約一〇〇〇発がロンドンと近辺の街に降り注ぎ、死者八七〇〇人とさらに負傷者数千人を出した。しかしまたしても、そのような上空からのテロではイギリスの戦意は挫かれなかった。また連合国側もテロ爆撃を試みた。ひとつには枢軸国側の爆撃作戦に対する報復のためであるが、爆撃によってドイツと日本の士気を挫き、戦争をより早期に終結させることができると多くの者が信じていたためでもあった。

戦略テロ爆撃は、国民と指導者らの意志が連動していることを前提とする。したがって、国民を恐怖させれば指導者らを屈服させせられるはずだということになる。しかし、史上空前の破壊にもかかわらず、第二次世界大戦においてそれは起こらなかった。戦後刊行された膨大な『米国戦略爆撃調査』は、その理由を説明しようと試みた。その結論の一つは、ドイツや日本では国家が厳しい統制を敷いて爆撃に関する情報の流れを阻害し、プロパガンダによって世論に影響を及ぼしたため士気が挫かれなかった、というものであった。そこで見逃されていたのは、明らかに警察国家ではなかったイギリスに対する戦略爆撃もまた、失敗に終わっていたという事実であった。

調査に携わった研究者らの計算によれば、連合国は約一三〇万トンの爆弾をドイツの諸都市に落とし、三〇万人以上の命を奪い、さらに数十万人を負傷させた。一九四三年七月下旬の数日間のうちに、ハンブルク市だけで四万人が命を失った。同様に一九四五年二月には、焼夷弾の使用によってドレスデンで八万人もの死者が出た。東京も繰り返し爆撃されたが、そのうち最も被害が大きかったのは一九四五年三月の空襲で、一二万五〇〇〇人の死傷者を出したとされる。太平洋戦争を通じて、一六万一〇〇〇トン近くの爆弾が日本本土に落とされた。しかし戦後刊行された『米国戦略爆撃調査』によれば、実際に目標に命中したのは一〇パーセントに満たないと推計されている。

戦略テロ爆撃の限界

日本は一九四五年八月にようやく降伏したが、それは米国が原子爆弾を二つ〔広島と長崎に一つずつ〕投下し、合計約二二万人を死傷した後のことであった。これらの攻撃が日本の降伏決定に実際どれほど影響したかは、いまだに激しい論争の的である。というのもとくに、連合国はすでに日本の最大都市圏の約四〇パーセントを破壊し、二二〇万人の死傷者〔うち死者九〇万人〕を出していたからである。つまり原子爆弾は、すでにおぞましいほど高かった合計死傷者数に、さらに一〇パーセントを上乗せしたにすぎない。また第二の爆弾投下〔八月九日、長崎〕が行われる前に、第一の爆弾〔八月六日、広島〕による被害を評価する十分な時間が日本の当局者にあったかどうかも定かではない。

成果が不明瞭であるにもかかわらず、適切な目標を十分な頻度で攻撃することさえできれば、戦略爆撃によって戦争に勝利するか、あるいは少なくとも戦争を短縮することができるという戦略爆撃の信奉者らの信念は揺らがなかった。しかし戦略爆撃はベトナム戦争中にも試みられたものの、成果はほとんどなかった。北ベトナムの指導者を交渉のテーブルにつかせるために、ハノイその他の諸都市は繰り返し空からの爆撃を受けた。米軍による爆撃は着実に増加し、一九六三年の六万三〇〇〇トンから一九六八年の六四万三〇〇〇トンまで、五年間で一〇倍に増えた。北ベトナムの生産能力は一時的に阻害されたが、その設備は解体され、他地域へ移転しただけのことであった。また米国政府は、次第に高まっていた道徳的反発にも対処しなければならなかった。というのも、爆撃のレベルが高まるにつれて国内で反戦運動が激化し、アメリカの戦争指導に対する同盟国からの支持も揺らぎはじめたからである。

一九七〇年代から一九八〇年代には、「スマート爆弾」などの精密爆弾の登場によって空爆の精度がはるかに向上し、しかも従来の戦略爆撃作戦につきものであった民間人への恐るべき被害や莫大な破壊を避けつつ、国家の抵抗意志を崩せる可能性が出てきた。したがって、ピンポイント的なテロの行使によって敵の行動を修正する「衝撃と畏怖（Shock and Awe）」など、新たなエア・パワー理論が登場した。二〇〇三年イラクにおいて、アメリカの空軍指揮官らは、攻撃機と巡航ミサイルによる大規模攻撃をもってその理論を実行に移したが、その目的はイラク指導部を「斬首」するか、あるいはそれが失敗したとしても恐怖によって屈服させようというものであった。イラク人は自国の政治的・軍事的インフラが粉々に砕かれて目を覚ますだろう、と予測した米政府関係者もいたほどである。しかし、そのようなテロの精密適用は期待されたほど有効でないことが判明した。というのも一部には、それの引き起こす恐怖が一時的なものでしかなく、標的となった住民は単に嵐が過ぎ去るのを待ったからであった。

2　テロリズム

テロリズムにおける民衆の支持

二〇世紀半ばまでに、専門家らは戦略爆撃を「上からのテロ」、革命家やテロリスト集団の攻撃を「下からのテロリズム」と呼ぶようになった。二〇世紀の最も著名な革命指導者らのなかには、当初、政治的変化への戦略にテロが必要不可欠であるとみる者もいた。レーニンは「大衆」を心理的に強制し、対革命主義者を撲滅とはいかずとも打破するため、「ゲリラ戦と大規模テロ」の行使を公然と支持していた。テロを通じた暴力的な転覆と民衆の統制は、レーニンの革命理論の鍵となる原理であった。毛沢東も、民衆の支持を確保するためにテロの行使が必須であるとする革命理論を推進した。「無遠慮に言えば、つかの間の恐怖の支配を農村部すべてにもたらすことが必要だった。そうしなければ反革命主義者の活動を抑圧することは決してできないだろう」と彼は述べた。毛沢東の一般理論は三つの段階から成っていた。すなわち、民衆の中に政治的な支持基盤をつくり確立すること、漸進的に大胆な攻撃を通じて支持基盤を拡大すること、そして全面的な反撃に出ることである。明らかに、民衆の支持が三つすべてに不可欠であった。彼のトレードマークとなる言葉の一つで、「人民は水、(革命)軍は魚のようなものである」と毛沢東は述べた。水がなければ、魚はただ死んでしまうのみである。同様に人民の支持がなければ、革命軍は溶けるように消えてしまう。毛沢東の初期の思想では、その支持は必要ならばいかなる手段をもってしても確保すべきものであった。

また同様の趣旨でホー・チ・ミンも、主にテロと心理的強制を通じてベトナムにおける支持基盤を築き上げた。ミンの革命部隊ベトミンは、占領軍（最初は日本、それからフランス、そしてアメリカ）だけでなく、多くのベトナム市民をも攻撃した。一九五六年頃には、その後を継いだベトコンがベトナムの村人たちを脅迫し、または政治指導者らを暗殺するため、日常的に暴力を用いた。そのような行為は、民衆の政治的忠誠がどこにあるべきか、明確に戒めるものであった。一九五七年から一九六〇年の間に、ベトコンはおよそ二〇〇〇回の誘拐と一七〇〇回の暗殺を実行した。当時の資料によれば、この大規模なテロの行使は実質的に「農村役人の上澄み」を殺害し、ベトナムの人々の間にあまねく恐怖感と不安感を生じさせた。腐敗し、無能で、市民の保護に無関心であると思われていた南ベトナム政府のすでに疑わしかった権威と正当性は、この恐怖の風潮によってさらに衰えた。

しかし毛沢東やチェ・ゲバラなどは結局、テロを用いるのは諸刃の剣であるとの見解に至ることになる。彼らの見解によれば、大規模なテロはひどく逆効果となることもあった。一九三〇年代末、毛沢東のゲリラ部隊は、より優れた装備をもつ中国国民党軍と、残忍な侵略者たる日本に立ち向かっていたため、隠匿と必需品供給のため民衆の支持が必要であった。もしこの時期に無差別なテロ行為に走っていれば、敵（国民党と日本軍）と比べて共産党赤軍が何ら好ましいものではないと示すことになり、ことによると裏切ったり捕まったりする部隊が出ていたかもしれない。その時期の共産党軍の活動について毛沢東が述べたように、それは「我々自身の戦力を拡大するのが七〇パーセント、国民党に抵抗するのが二〇パーセント、日本と戦うのが一〇パーセント」であった。日本に対する軍事闘争の全期間を通じて、毛沢東のプロパガンダ機関は、彼の部隊によって行われたものもそうでないものも、成功した襲撃や奇襲についてほぼすべての手柄を主張し、さらに盟友であった国民党の無能と腐敗を批判した（それは真実であることもあったが）。日本兵が撤退した一九四五年末頃までに、毛沢東の軍は中国国内の多くの地域において比較的堅固な物理的・心理的支配を及ぼすに至った。

当初テロの行使を頑《かたく》なに支持していたチェ・ゲバラも結局、それは選択的にのみ用いられるべきであると信じるようになった。彼の強調したところによれば、「テロは一般に効果的ではない……〈中略〉……、というのもテロはしばしば無実の人々を犠牲にし、革命にとってかけがえのない多くの命を奪うからだ」。同時にテロは、「抑圧勢力の著名な指導者らのうち、残酷さでよく知られた者や、他の理由から抹殺すべき者を何人か殺す」ため、差別的にも用いられうる。

キューバのバティスタ政権の転覆にカストロが成功した後、チェは他のラテンアメリカ諸国に革命を輸出しようと試みた。彼の革命モデルは、熱烈な革命主義者の基幹人員（フォコ）を用いて政府に対する扇動を行い、反乱のための諸条件をつくりだすことを基礎としていた。その著書『ゲリラ戦争』においてチェが指摘したところによれば、カストロによるキューバ革命の成功は、三つの主な教訓をもたらした。第一に、当初は人数および装備面で劣っていても、人民軍は正規軍に対する戦争に勝利を収めることができる。第二に、革命を始める前に適切な条件が揃うのを待つ必要はない。というのは、扇動者であるフォコがその諸条件をつくりだすことができるからである。最後に、ラテンアメリカのような低開発地帯では、武力闘争は主として農村部、つまり通信・輸送網の欠如のため政府軍が迅速な相互支援のできない地域において戦われるべきである。

チェ配下のフォコは一九六七年ボリビアにおいて完全な失敗に終わり、結果的に彼も処刑されたものの、それは手法としては示唆的である。というのもそのアプローチは、二一世紀初頭の南メキシコにおけるサパティスタや、中東におけるアルカイダのそれと酷似しているからである。これらの各事例では、反乱の助けとなる諸条件が存在していた。すなわち、そのような集団が利用することのできる緊張と不和がすでに存在していたのである。一九六七年、チェは、ボリビアの農民たちは受容的ではあるものの反応が鈍いことに気づいた。その上、ボリビア共産党は彼への支援を拒絶したばかりか、彼の増員活動を積極的に妨害したのである。そうしてチェとそのフォコは、毛沢東のいう水のない魚も同然となり、結局それが理由で屈した。くわえて、起伏の多いボリビアの農村部ではフォコの機動力が大きく低下し、中央情報局（ＣＩＡ）その他の米国からの支援に支えられた政府の索敵殺害戦術に弱くなってしまった。

対反乱・対テロにおける民衆の支持

一方で、反革命理論もまた民衆の重要性を認めていた。対反乱・対テロに関する軍事ドクトリンは、「人心を勝ちとること（winning hearts and minds）」の必要性について言及しはじめた。これはまったく不適当なフレーズであり、一九四八～一九六〇年の「マラヤ危機」においてマラヤ共産党のゲリラに対する対反乱作戦を率いた英陸軍元帥ジェラルド・テンプラー卿の考案と信じられている。このフレーズの意味は多岐にわたり、マラヤにおける共産主義の広がりに対するイデオロギー的防波堤の構築または再構築というものから、民衆のうち「決心のついていない中間層」に反乱鎮圧部隊と協力するよう促すということまで含んでいた。このスローガンは勝利への秘訣か方程式かのようにたびたび扱われてきたが、そう理解すべきではない。それよりも、対反乱・対テロリズムの長期的成功のためには、単に反乱者やテロリストを抹殺する以上のことが必要になるという意味に解されるべきである。さらにこのフレーズは、我方《わがほう》より敵の方がまだましであると人々に思わせてしまい、テロのもたらす害が利権を上回る可能性を強調するものでもある。

実際、アルジェリア戦争に参加したフランス軍将校ダヴィデ・ガルーラなどの対反乱理論家は、民衆の支持が反乱者と対反乱者の双方に不可欠であると直ちに認識した。それがガルーラの対反乱戦の第一法則であった。彼は他に三つの法則を考案した。その第一は、支援は精力的な少数派を通じて得られるということであった。つまり、大きくとも無言で受動的な支持基盤よりも、小さくとも声高で精力的なものの方がよいということである。第二に、民衆の支持の獲得は、こちらの勝利の意志、手段、および能力を証明するような成功を収めることに懸かっている。失敗が目に見えているような目標を支持するのは、人間の本質に反するものだ。最後に、熱心な取り組みを維持し、進んで広範な手段に頼る必要がある。つまり対反乱戦は、中立的あるいは無関心な者には向かないし、必ずしも安く済むものでもない。これらの法則は、彼がほかに考案した比較的重要度の低い原理とともに、毛沢東のいう「水」を「魚」の住めないようにすることを全般の目的とする対反乱作戦の指針として役立った。

一九六二年、フランスはアルジェリアを保持する試みに失敗した。とはいえガルーラの法則と諸原理の多くは、近代的軍隊における対反乱戦能力の強化を唱道する者のあいだで人気となった。しかしベトナム戦争から長年を経て、そうした原理は米国とNATOの軍事ドクトリンにおいて忘れ去られてしまった。二一世紀初頭に発生したイラク・アフガニスタン戦役での長い戦いは、対反乱戦手法の再発見を強いるものであった。残念ながら対反乱戦の専門家らは、その手法のみで提供できる以上のことを約束してしまった。その結果、成就されずじまいの期待と世論の支持の低下、そして防衛コミュニティにおける長く激しい論争を招いたのである。

戦略的手法としてのテロリズム

現代の専門家らは反乱（と対反乱）を、それ自体戦略の一種としてではなく、革命戦争やパルチザン戦のように戦争の一形態として考えている。そのような戦争の当事者は、政治体制の転覆あるいは強化のため、斬首から消耗、疲弊、テロやテロリズムまで、諸々の戦略を用いるかもしれない。

テロリズムが戦略なのか戦術なのか、学者たちは議論を続けるであろう。しかしとくにどちらでもなく、テロリズムを戦略的方法ないしは手法として考えてもよいかもしれない。この意味でテロリズムは、民衆を通じて政府に打撃を与えることを目的とする、より大きな戦略にとって不可欠な構成要素を成す。テロリズムにはいくつもの目標がありえ、テロリスト集団自体の役に立つもの、民衆の操作あるいは統制の維持をするもの、政府を標的とするものもある。そうした目標は、服従するよう強制（脅迫）すること、宣伝を行うこと、消耗や疲弊（コスト賦課）、攪乱《かくらん》すること、挑発すること、第三者に与える誘因で上回ること、安全と安定を蝕《むしば》むこと（妨害）、そして懲罰を与えることなどであろう。これらの目標は、正当な政府の抱きうる目標とさほど変わりないが、いかにしてテロ戦術（爆破、暗殺、水や食料供給の汚染、人質の誘拐など）と、組織の全般的な目的（体制変革、領土変更、政策変更、あるいは現状維持など）とを結びつけることができるかに、その真の重要性がある。テロを用いる基本的な意味は、恐怖を巻き起こし、そしてその恐怖の作用を利用して目標を達することである。

上述の革命運動とは対照的に、体制変革ではなく領土変更を求めたテロリスト集団も存在する。革命によって国家を掌握し、その政治・社会・軍事構造のすべてを新たな方向へ向かわせようとするのではなく、これらの集団は政府を刺激し、独立または少なくとも自治の拡大を求めた。よって領土変更を求める集団もまた、大衆の支持を遠ざけるのではなく引きつける必要があり、標的を特定の政治的・文化的・軍事的象徴に限定して、より選択的に暴力を用いる傾向にあった。一部の事例では、テロリスト集団は敵対勢力を非難する口実のためか、あるいは政府による過剰反応を惹起《じゃっき》するために、一般市民を標的としたのかもしれない。いずれにせよ暴力は無骨にすぎる手段であり、短期間であっても、過失を犯すことなくテロリズムやテロ対策に用いることはできない。テロリストの攻撃は大衆の抗議と反感を巻き起こすだろうが、報復措置もまた然《しか》りであろう。それゆえ、テロと対テロとの間のバランスは危うくなることもある。

3　新たなテロリズム？

二〇世紀最後の四半世紀までに、多くのテロリスト集団が選択的な標的設定に不満を抱くようになった。彼らの目にはそれが失敗したように映ったため、むしろより多くの死傷者を出し、漠然とした恐怖の雰囲気を生み出すことで、より大きな注目と影響力を得ようと求めた。結果的に専門家らは、広くテロリスト集団を「伝統的」なものと「新しい」ものとに分類することとなった。伝統的なテロリスト集団はアイルランド共和軍（ＩＲＡ）、バスク祖国と自由（ＥＴＡ）、コロンビア革命軍（ＦＡＲＣ）などである。対照的にアルカイダや、それと意見を同じくする聖戦主義者《ジハーディスト》に代表される新世代のテロリストは、グローバル化の流れに適応し、それを国際ネットワークと脱国家的《トランスナショナル》な能力の構築に利用した。それら組織はやがて、移民や離散民族《ディアスポラ》コミュニティからの構成員を擁するようになり、いわゆる伝統的テロリスト集団よりも多国籍かつ多民族となってきた。新たなテロリズムは、二〇世紀の革命運動を想起させるような性質と規模の政治目的によってつき動かされている。つまり今日のテロリスト集団の多くは、体制変革を求めるのである。それらはやがて、これまで以上に強力な爆発装置の使用と無差別爆破によって、最大限の死傷者を出すことに走った。それらをつき動かす論理は次のようなものである。すなわち、一九七二年のミュンヘン虐殺のように、一一人の死によって五億人の注意を集めることができるのであれば、一一〇〇人の死ならばより大きな成果を、一一〇〇〇人の死ならばさらに大きな成果を達成することができるであろう。そのようなエスカレーションの目的は、単に敵対勢力を脅して譲歩させるだけではない。むしろ敵を弱体化させ、その脆弱《ぜいじゃく》性を暴露することによって衰えさせるとともに、その影響力をできる限り縮小ないしは無効化し、あるいは究極的にそれを滅ぼすことにある。

他方で、二〇世紀の最も残虐なテロリスト組織と多くの専門家から目されるペルーのセンデロ・ルミノソ（「輝ける道」の意）でさえ、その二〇年間の暴力活動において殺した人間の数は、同時期に米国の高速道路上の交通事故や、癌《がん》などの終末期疾患によって奪われた命の数に及ばなかった。「輝ける道」は二〇年間でおよそ六万九〇〇〇人という、悲劇的な人数を殺害したと考えられている。しかし、二〇〇三年の米国だけで合計四万二六四三人が交通事故で死亡した。これにくわえて二〇一四年の米国では、およそ五八万五七二〇人が癌で亡くなっている。この数字は、二〇年間では一〇〇〇万人以上ということになる。つまりテロリズムへの対処には、政治的・社会的な過剰反応を避けるよう、冷静な見方が必要である。いうまでもなくテロリズムの影響は、とくにネガティブな政治的変化を引き起こして社会的分裂を悪化させうるため、単なる統計が示すよりも危険である。

ジャック・スーステルが、信じられないほど強力な心理的武器としてテロを表現したのは正しい。しかしながら、それは諸刃の剣である。たしかにテロは「原動力を挫く」こともあるが、その反動を引き起こすこともありうる。国や集団は、攻撃者が期待するよりもすばやくテロ戦術の精神的トラウマから回復することがある。その上、爆弾攻撃によって敵をひれ伏させようとすれば、国内外における政権のイメージを害することもある。歴史的にみれば、「上からのテロ」（つまり戦略テロ

図7　ニューヨーク市地下鉄の反テロリズムキャンペーン
ニューヨーク市地下鉄の乗客は、警戒を怠らず、テロ攻撃が差し迫っていることを示すような異常に注意するよう警告されている。これは9・11以降に公共の場に姿を現した数多くの警告標識の１つで、テロリズムがいかに日常生活の根本的側面を変えてしまうかを示している。

爆撃）は期待外れとなった。とはいえ近代国家にとって、それは魅力的な選択肢であり続ける可能性が高い。というのもそれは、我方の責務を限定し、リスクも低減させつつ、何らかの即時的な行動をとる方法を提供するものだからである。それによって短期的に、あるいは次の危機まで、何らかの行動を求める民衆を満足させておくことができるかもしれない。

客観的に考えれば「下からのテロ」戦略は、積極的目的よりも消極的目的の達成に有効であることが分かっている。消極的目的とは、対立する派閥間の団結を防ぐこと、すでに見通しの立たなくなっている平和交渉を妨害すること、揺らぎつつある連合メンバーに任務を完遂せず撤退するよう説得すること、ある大義を支持するよう民衆を心理的に強制すること、あるいは大々的に報じられるような攻撃によって新たな戦士たちを引き入れることなどである。それに対して、正当性を主張する上で国際的な支持を得ること、中立派を取り込むこと、あるいは長期的安定の基礎を確立することなど、積極的目的の方がはるかに困難な理由は、テロが恐怖だけでなく反発と反感をも引き起こすからである。そのような感情は、ある大義に反対するかたちで民衆を団結させ、その支持の源泉を枯渇させてしまう。つまり、ある大義への人々の認識はテロによってたしかに高まるかもしれないが、同時に、その大義を失敗に終わらせようという大衆の決意が強まるかもしれないのである。

第6章　斬首と標的殺害

不朽の名著でありながら、とかく議論の多い代表作『君主論』において、一六世紀の政治著作家ニッコロ・マキアヴェリは読者に警告した。「為政者とその近親者らを殺すだけでは、まったく不十分である。貴族の残党が生き延びて、新たな反乱を指揮するからである」。彼の言葉は今日でも真実味がある。というのもそれは斬首と標的殺害という、密接に関連した二つの定評のある戦略の基本的な脆弱《ぜいじゃく》性を強調している。これらの軍事戦略は、敵の戦う意志と能力に打撃を与えるものである。しかし両戦略とも、指導者や特定の個人を取り除くことによって、問題を悪化させずに解決することができるという思い込みに陥りやすい。平和を実現するには、時としてさらに多大な時間と労力を要するものである。

1　定義

斬首

斬首と標的殺害は、テロリストや反乱者との戦いで広く用いられてきた。両戦略とも、武力行使を行う際の方法と対象について、他の戦略よりも精密かつ差別的であろうとするものである。二つの用語は非常に密接に関連しているためよく混同されるが、実際は重要な点で異なっている。斬首は時々、口語的に「ヘビの頭を叩くこと」と呼ばれ、たいていは次の二つのうちいずれかを指す。すなわち、ある集団が早期に弱体化や崩壊を引き起こすよう、その指導者らを抹殺すること、または敵対勢力の指導者らをより従順な者に強引に交替させることである。よって、斬首は必ずしも暗殺を意味するわけではない。実際、ある集団の指導者らを殺すのではなく、捕らえて「寝返らせる」ことができれば、時としてより好ましい結果を生む。斬首は、その指導者を除去ないしは「転向」させることにより、組織を少なくとも一時的に混乱させうる限りにおいて、攪乱《かくらん》戦略に類似する。

標的殺害

対照的に、標的殺害（「指導部の標的化」、「戦略的暗殺」あるいは「標的暗殺」とも呼ばれる）は、消耗戦略と類似性がある。標的殺害とは端的にいえば、ある敵対集団に所属する人員の体系的な暗殺であり、元CIA対テロ専門家ブルース・リーデルが「芝刈り」と呼んだものに似ている。「常に芝刈りをしなければならない」と彼は忠告した。「刈るのを止めた途端、草は生え戻ってしまう」。標的殺害は主な手段として暗殺を用いるが、それは通常、斬首戦略が失敗したあとに採用されるものである。標的殺害戦略によって敵対集団の壊滅を目論む場合もあるかもしれない。しかしたいていは意志または資源、あるいは両方の欠如のため目標はもっと控えめになり、ことによると時間稼ぎのために組織を混乱ないし衰弱させるにすぎない。標的とされる個人は、高位の指導者や、対テロ専門家らが「高価値目標（HVT）」と呼ぶものであるとは限らない。多くの事例では中位の組織者、計画者、供給者、兵卒、あるいはこれらの組み合わせである。

国連は「平時または武力紛争中、その監督外にある特定の個人を抹殺するため国家によって用いられる計画的な殺傷行為」と標的殺害を定義している。しかし、標的殺害は国家によってのみ行われるわけではない。テロリスト集団、犯罪ギャング、民兵はおろか個人まで、暴力的な非国家主体によって実行されることもある。たとえばメキシコの犯罪シンジケート、ロス・セタス（「Z集団」の意）は、メキシコ全土で影響力を拡大すべくテロ戦術を用いた。伝えられるところによれば、この集団は、多くがメキシコ軍で特殊部隊訓練を受けた三一名の傭兵とゲリラ隊員が、ガルフ・カルテルと呼ばれる麻薬密輸組織のための暗殺者やボディーガードとなったときが出発点となっている。結局、セタスはガルフ・カルテルから分離して独自の不法な麻薬・人身売買組織を形成し、一時はメキシコにおいて他のいかなる犯罪シンジケートよりも広い領域を支配した。彼らはロケット推進榴弾やアサルトライフルなど最新鋭の兵器で武装し、三一名の初期メンバーの練度は高かった（その多くはのちに逮捕または殺害されたが）。セタスによって用いられた戦術は自動車爆弾、手榴弾攻撃、待ち伏せ襲撃、大量殺人、そして市長や裁判官、警察官らの標的暗殺などである。彼らはしばしば、敵対ギャングや法執行当局者への警告として、犠牲者の遺体に「Z」マークの刻印を残す。

現代の事例

二一世紀に入ってドローン攻撃が増加したことで、結果的に斬首と標的殺害に関する人々の意識が高まった。しかし、これらの戦略はとくに新しいものではない。アレクサンドロス大王は、紀元前三三一年ガウガメラの戦いにおいて斬首の修正版を用いた。すなわち彼は、指導者ダレイオス三世のいるペルシア軍中央部を攻撃したのである。アレクサンドロスの突撃はダレイオスに決して届きはしなかったものの、ダレイオスと側近らを退かせたことでペルシア軍の中に混乱が生じ、アレクサンドロスのマケドニア重装歩兵に各個撃破されやすくなった。

現代における斬首の例としては、一九九二年、ペルーのテロリスト集団「輝ける道《センデロ・ルミノソ》」の指導者アビマエル・グスマンの逮捕などがある。「輝ける道」は一九六〇年代にマルクス主義革命運動として生まれ、その目標はペルー政府の転覆であった。その名称の由来は、ペルーの初期の共産党の一つに掲げられていた標語「マルクス・レーニン主義は革命への輝ける道を開くであろう」である。一九八〇年代までに、ペルー政府関係者らに対して積極的なゲリラ戦術を用い、約一万人を配下に収めた。対テロ専門家らの推計によれば、一九八〇年代から二〇〇〇年代初頭までに少なくとも六万九〇〇〇人の殺害に関与していた。幸いにもペルー警察は、グスマンとその他「輝ける道」の幹部ら数人を一九九二年に逮捕・投獄した。組織内で明確な継承順位が定められていなかったため、指導部の空白が発生した。「輝ける道」の活動はその後、急激に衰え、多くの軍事的敗北を喫したのち、結局は小さな諸派閥の間で争い分裂した。この衰退と分裂の状態はグスマンの逮捕から一〇年近く続いたが、その後「輝ける道」復活の兆しが表れはじめた。

同様に一九九九年、クルディスタン労働者党（ＰＫＫ）創始者の一人アブドゥッラー・オジャランの逮捕により、ＰＫＫは一時的ながらも急速に衰退した。オジャランは、トルコ政府が拒んでいたクルド人独立国家の樹立を目標として、一九七八年トルコでＰＫＫ結成に尽力した。ＰＫＫはクルディスタンの独立達成を企て、テロリスト的手法（誘拐、暗殺、自爆、待ち伏せ襲撃、そして破壊工作）を用いた。ＰＫＫの活動の多くはオジャランの承認を受けたもので、およそ四万人（トルコ人とクルド人、軍人および民間人を含む）を殺害したと考えられている。一九九九年、トルコ当局がオジャランを逮捕・投獄したことによって休戦が促され、二〇〇四年にＰＫＫがテロ活動を再開するまで続いた。二〇一三年、獄中のオジャランは再度の休戦を宣言し、トルコからのＰＫＫ部隊の撤退を呼びかける書簡を発した。もしオジャランが逮捕でなく殺害されていれば、単にクルド人独立運動の殉教者となっていたのは間違いなく、ＰＫＫの活動を抑制するよう働きかけることなどできなかったであろう。

当然、敵対する指導者を捕らえることが常に可能であるか、望ましいとも限らない。そのような指導者は時として降伏するよりも死ぬまで戦うか、あるいは自殺することを望むものである。ある時は、容疑者は犯人引き渡しの認められない場所にいる。またある時は、敵対勢力の指導者を裁判にかけてもさらなる暴力を招くだけである、と政府当局者は危惧するかもしれない。そのような思惑が背景にあり、二〇一一年、パキスタンのアボッターバードにある屋敷への米特殊部隊の襲撃で、アルカイダ首謀者の一人ウサーマ・ビン・ラーディンは殺害された。

しかし、国家は敵対勢力や犯罪組織の指導者らの体系的な抹殺をとにかく継続し、彼らを支持あるいは潜在的に模倣する者に対して警告を送ろうとする例もある。中国、ロシア、そして米国は、適正な手続きを欠くとして大きな批判に晒《さら》されているにもかかわらず、そのような政策を数十年間にわたって容赦なく追求してきた。同様の批判は、武装組織の指導者を標的とするイスラエルにも長らくつきまとっている。その例の一つが二〇一〇年一月、パレスチナのテロリスト集団ハマスの指導者の一人とされていたマフムード・マブーフを殺害したことである。西側の当局者と国際メディアは、イスラエルの諜報機関モサドがマブーフをドバイのホテルまで追跡し、そこで彼を殺害したとして非難した。マブーフは一九八九年にイスラエル兵二名を誘拐および殺害したと考えられており、彼の暗殺は、報復と警告を兼ねたものだったのかもしれない。

有効性の限界

そうした斬首や標的殺害の例は増加しているが、それらは依然として、非常に物議を醸す戦略手法である。それら戦略が長期的に有効でないとして拒絶する者や、法的・道徳的な見地から好ましくないと考える批評家もいる。しかし有効性とは、何を達成したいと望むか、そしてその達成の度合いをいかに評価できるかに依存する。有効性に関する議論の中で不明瞭になりがちな重要な点は、評論家らが成功の定義に恣意的な基準を用いていることである。テロ攻撃回数の大幅な減少、あるいはテロリストの活動停止期間として成功を語る者もいる。しかしそうした統計は、特定の戦略の立案および実施に携わる政策立案者や実務家の目的に照らすと、関連性が低いかもしれない。いかなる行動方針であろうと、その成功は次のような観点から考えねばならない。それはすなわち政策決定者が何を達成したかったのかであり、その戦略の（知る限りで）実際の成果や、実施に費やした物質的・精神的資源と考量されねばならない。そうでなければ、問題の所在が曖昧《あいまい》になってしまう。

斬首や標的殺害が成功を収めた例はないという主張は、学術的にも軍事的にも、正当なものである。その最たる理由は、これら戦略では紛争の根本的原因に対処しえないということ、そして攻撃と報復の悪循環を恒久化し、事態を悪化させてしまうかもしれないということである。実際、暴徒を一人でも殺害すれば、純粋に報復を望む者が他に生まれてくる場合が多いということを示す根拠もある。また懐疑論者が指摘するのは、付随的損害を限定するのに十分な措置を講じず斬首や標的殺害を行使（つまり悪用）することが、国家にとっていかに容易《たやす》いかということである。たとえば二〇〇二年、イスラエルが元ハマス指導者サラ・シェハダを暗殺した際は、彼の妻や子供の命まで奪い、さらに周辺にいた数十人を死傷した。イスラエル指導部はイメージを損ない、米国政府なども口をそろえて攻撃の「手荒さ」と、それが平和の展望にもたらす弊害について非難した。しかしそうした事例では、道具よりもそれを悪用する者の方に罪がある。

法的・道徳的問題

法的な問題点は、標的の選定から射撃まで一連の出来事全体を通じて、適正な手続きと説明責任を確保することに関連するものがほとんどである。その目的で、すでに立法化された法律もある。しかし、さらなる措置が必要かもしれない。たとえばアルカイダおよびタリバーン指導者の標的殺害については、米国の法制度、とくに二〇〇一年九月

（9・11直後）に可決された軍事力行使権限承認法に基づき合法と判断された。米国の司法当局者は、そうした殺害が国連憲章第五一条のもと、国際法に則ったものであると結論付けてもいる。とはいえ、これらの法的根拠は、9・11に関与した集団以外にも標的殺害を拡大する権限は与えるものではない。目下、立法府の議員やアメリカ自由人権協会（ACLU）などの公民権組織は、行政権の行き過ぎを防ぐため、標的殺害の監督強化に向けたロビー活動を続けている。

標的殺害にまつわる道徳的問題はさらに複雑である。問題は、はたして暗殺が道徳的に正当化されうることがあると信じるか否かに懸かっている。広く正戦論において戦争とは、正当な理由があり、最後の手段であり、適切な権威によって布告され、正しい意図があり、合理的な成功の見込みがあり、そしてその目的は用いられる手段と釣り合っていなければならないとされる。しかしそれらの条件は、戦争として区分されない事例においては必ずしも当てはまらない。たとえば、仮に国家が犯罪者を暗殺するとしても、正戦論の諸原理は適用されないだろう。また、当事者の間で顕著な文化的非対称性が存在する場合もあれば、相手を麻痺《まひ》させるような恐怖を植え付けるために一方の当事者があらゆる道徳的指針を完全に拒絶してしまうこともよくある。その場合、正戦論やそれに関連する慣習など西洋の規範の普遍性にも疑問符がつく。その上、帰結主義者（戦争に訴えない場合の結果の善し悪しと比べて戦争行為を正当化する者）と本質主義者（ある行動はそれ自体をもって正当または不当であると信じる者）との間の論争も、当面の間は続くかもしれない。しかし、目下進行中の対テロ紛争において斬首と標的殺害の戦略がより頻繁に用いられていることから、ある意味では、帰結主義と本質主義は何らかの統合へと新たに進み、よりゆるやかな解釈を許容しつつ、正戦論の伝統を更新していくかもしれない。

2　斬首戦略

斬首の成功例

　そうした論争はあるものの、特定の条件下では斬首がうまくいくということを歴史は示している。たとえば二〇世紀初頭、米国はフィリピン併合に対するフィリピン人の反乱を鎮圧するため、斬首戦略を用いた。一九〇一年三月、反乱の首謀者エミリオ・アギナルドが米兵に捕らえられた。米当局は結局、米国に忠誠を誓うようアギナルドを説得した。同年四月にアギナルドは同意し、その後速やかにフィリピン人すべてに武器をおくよう呼びかける声明を発した。もう一年ほど抵抗を続けるフィリピンの戦士もいたが、アギナルドが示した手本はフィリピン人の間で非常に大きな重みがあり、アギナルドの後継者らも彼に匹敵するほどのリーダーシップやカリスマを持ち合わせていなかったため、大半の者はアギナルドの説得に従って投降した。もしアギナルドが、米国への忠誠を誓って戦闘終結を呼びかけるよう説得されるのではなく、殺されていたとすれば、彼はおそらく殉教者となって、さらに数年とまではいかずとも数ヵ月は戦いが続いていたかもしれない。やはり、敵対する指導者を殺すのでなく捕らえる方が時として有益なのである。クルディスタン労働者党や「輝ける道」の瓦解においても、指導者らの拘束が重要であった。

　他方で、敵対する指導者を殺害するよりも捕らえる方がよいかどうか、明らかでない時もあるかもしれない。たとえば、ハイチの「カコ」戦争（一九一五〜一九一六年および一九一八〜一九二〇年）における状況である。米軍部隊は盗賊の首領ら数人を捕らえ、降伏を拒否した戦士たちは殺した。カコとは、地方軍閥の統制下でゲリラや傭兵となった、ハイチの農民たちである。盗賊の首領らが抹殺されると、その農民たちには集団を団結させておくことのできる者や、そうしたいと望む者もほとんどいなかったため、集団は解散していくことが多かった。同時に米軍は、ゲリラ兵の武器と引き換えに現金と恩赦を与える「銃を現金に」プログラムを実施した。そうした誘因によって、規律の行き届いていない集団を団結させるのはさらに困難となった。この事例では斬首が成功したが、それは上下二本槍の戦略の一環にすぎなかった。すなわち、ゲリラ組織の指導者らは暴力的手段によって狙われ、その配下らには武装解除の誘因が与えられたのである。また斬首は、ハイチにおける米国の政治・経済的利益を確保するための長期的解決策でもなかった。そうした利益のためには、米国が安定化支援作戦を遂行できる軍部隊をハイチ国内に維持する必要があった。実際、米軍がハイチから完全に撤退したのは一九三四年、第一次カコ戦争が始まってからおよそ一八年後のことであった。

また斬首戦略は、こちらの反目が相手国の一般国民ではなく、国家元首に対するものである場合にも効果的であることが分かっている。国家元首を権力の座から取り除くことは通常、「体制変革《レジーム・チェンジ》」と呼ばれ、時として最低限の流血で達成されうる。たとえば一九五四年、ＣＩＡの支援を受けたクーデターにより、グアテマラのハコボ・アルベンス大統領は強引に退陣させられた。ＣＩＡの促した情報作戦によって、アルベンスへのグアテマラ軍の支持が蝕《むしば》まれていた。実際に軍は彼を裏切り、自ら辞任しなければ退任させると脅したのである。また一九六三年には米英が協力して、英領ガイアナのチェディ・ジェーガン首相を退陣させた。同国を拡大ゼネラル・ストライキにさらし、弱小政党の連立が勝利するよう選挙システムを変更したのであった。一九六四年にも、米国政府はブラジルのジョアン・ゴラール大統領を放逐した無血クーデターを支援した。しかし、さらに大きく物議を醸したのは、チリのサルバドール・アジェンデ大統領を失脚させた一九七三年のクーデターの結末であった。CIAが、彼の解任にいたる条件を整え、その機運を助長していた。クーデターの結果、アウグスト・ピノチェト将軍が権力を掌握した。その後ピノチェトは、同国の歴史上最も過酷な抑圧的政権を統轄したのである。

斬首の失敗例

これら斬首戦略の成功実績とは対照的に、一九六一年、米国によるキューバのフィデル・カストロ政権転覆の試みは完全な失敗に終わった。CIAに訓練されたキューバ難民一四〇〇人の部隊がピッグス湾に上陸し、最終的にカストロを追放する革命を起こせるよう、民衆の支持を集めようとした。カストロは約三万の正規兵を指揮下におき、さらに二〇万の民兵を招集することができるとの情報はあったが、その兵士たちにどれほどの政治的信頼を置くことができるかは不明であった。実際の事の顚末《てんまつ》が示したように、CIAはカストロに対する軍部の忠誠心の厚さを大きく見くびっていた。難民部隊の上陸艇のうち数隻は湾内で沈没し、上陸に成功した亡命者らも、キューバの地域住民から期待していた支持をまったく得ることができなかった。米国政府は作戦中（そしてそれ以降も）自国の関与を否定し続け、結局は損切りを行い、さらなる軍事資源の投入を拒んだ。結果、部隊は島に足がかりを確保することができず、兵士の大半も投降するか、あるいは犠牲となった。捕虜の数人は処刑されたが、のちにカストロは現金、食糧、そして医療補給品と引き換えに残りの者を帰還させることに同意した。続く数年の間に、米国はキューバの独裁者を権力の座から取り除こうとさらに数回試みたが、いずれも成功しなかった。

精密攻撃

斬首と標的殺害は、主に近代的エア・パワーの広い行動範囲と優れた精度のおかげで、西側の政策立案者らにとって一層魅力的なものとなりつつある。とくに武装無人機やステルス航空機は、敵指導者に対する精密攻撃により、陸上戦力の投入と比べてはるかに低いリスクで、遠方から劇的な政治変化を起こす可能性をもたらしてくれるかにみえる。たとえば、第一次湾岸戦争（一九九〇～一九九一年）前には、軍事アドバイザーや防衛専門家らがサダム・フセイン政権をエア・パワーのみによって斬首する可能性を熱心に議論していた。米空軍大将マイケル・デューガンが論じたところによれば、サダム・フセインはイラクにおける「ワンマンショー」であり、彼がいなければイラク軍はすぐに「正当性を失い……〈中略〉……数時間のうちにイラクに引き返すだろう」。イラク国内の目標を破壊することで、米国主導の連合は「（サダム・フセインと）彼の政権が国民を守ることができないのだと（イラクの）人々に確信させ」、よってフセインの指導力と権威を衰えさせるだろう、とデューガンは付け加えた。しかし米国政府は、有志連合の目標（クウェートの解放）を超えて戦争を拡大することになるとしてデューガンの提案を拒絶、彼を直ちに解任した。仮にフセインに対する斬首を行った場合、結果的にイラクに発生する力の空白を誰が、または何が埋めることになったのかは不明である。あるいはデューガンの予測したようにイラク軍が実際に崩壊しなかったとして、その個人または集団がいかにして（麻痺《まひ》した通信インフラで）クウェートからのイラク軍撤退を命令することができたのかも、明らかでない。彼の考えは退けられたものの、当時のエア・パワー理論家として珍しいものではなかった。

ワーデンの5リングモデル

米空軍大佐ジョン・ワーデンもそのような理論家の一人であり、彼の考えは斬首と標的殺害に直接関連するものである。ワーデンは、精密空爆によって、過度に犠牲者や付随的損害を出すことなく、敵の戦う意志を奪うことができると信じていた。ワーデンの理論は、敵を五つの相互連関的なサブシステムから成るダイナミックなシステムに見立てた。すなわち①指導部、②有機的またはシステム的な本質要素（天然資源、エネルギー、食糧など）、③通信・輸送インフラ、④民衆、そして⑤展開した軍部隊である。ワーデンは、これらを一連の同心円または「リング」として視覚的に描いたことで、「ロード・オブ・ザ・リング」の称号を獲得した。そうすると、あらゆる近代的エア・パワー作戦の目標は、各リングの急所を見定め、敵が降伏ないしは戦略的に麻痺するまで体系的にそれらを攻撃することである。とくに指導部リングの急所への攻撃は、「ヘビの頭」を体から切り離して斬首とし、敵部隊を指導する知覚を奪う。しかしワーデンの理論において問題なのは、仮に敵の戦略的麻痺が発生した場合、敵が我方の意思に従うことができなくなる可能性があるということである。しかし完全な斬首への前置き、またはその代わりに、特定の攻撃ポイントを望ましいように調整することができるため、その

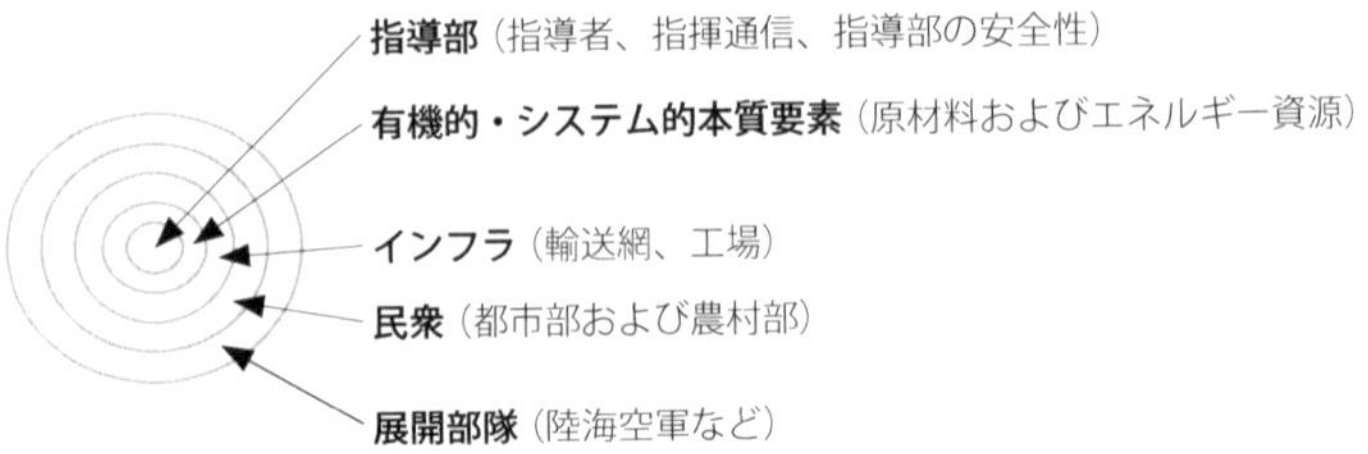

図8　ワーデンの5リングモデル

ワーデンの5つのリングは、敵を①主な指導者とその主要な通信・統制手段、②エネルギー生産施設、③輸送インフラ、④民衆、⑤展開された軍部隊から成る統合システムとして描くものである。ワーデンは、その中で特定のポイントに精密攻撃を行うことで、そのシステムを崩壊させせることができると信じていた。

理論には一種の標的殺害としての用途があるのも明らかである。

二〇〇三年の斬首作戦において、米国と有志連合諸国はようやくサダム・フセインを権力の座から取り除くことに成功した。軍事的な主攻勢が始まる前から、イラク軍とその国家元首とを分断するためCIA工作員が活動していた。これは概《おおむ》ね成功し、多数のイラク軍正規部隊が降伏したものの、一部の共和国防衛隊「フセイン直属のイラク軍精鋭部隊」と非正規部隊は依然として彼に忠実であった。その後イラクは有志連合軍に占領され、サダム・フセインは捕らえられた。しかし、イラクの将来への影響力と支配権をめぐって宗教・政治派閥のあいだで芽生えてきた内戦に、有志連合は対応する準備ができていないことに気がついた。つまり、作戦の斬首段階は成功裡《り》に達成されたものの、実現可能かつ民主主義的な後継体制をイラク人が確立するのを支援するため、有志連合は悪戦苦闘したのである。

かつてクラウゼヴィッツが指摘したように、反乱の重心（ある組織または運動をまとめあげるのに不可欠な人や物、あるいは観念）は、その主な指導者と世論から成る。とすれば斬首とは、反乱の重心の片方（指導者）に対する攻撃であると考えることができる。もう片方（世論）に対処する適切な措置がなければ、反乱を鎮圧する任務はおそらく時間の経過とともに困難になっていくであろう。

3　標的殺害戦略

標的殺害の採用

斬首が反乱の指導部に対する攻撃であるとすれば、標的殺害は、反乱の一般構成員を体系的に殺害して減らすものとみることができる。一種の選択的消耗戦略として、標的殺害はよく制御されたかたちで適用されなければならず、付随的損害や道徳的反発を引き起こす可能性も考慮に入れなければならない。オバマ大統領のもと、イラクとアフガニスタンにおける米国の標的殺害は、無人機の使用とともに大きく拡大した。主な指導者だけでなく、多くの中級の幹部や、さらに末端の戦士たちさえも標的となることがあった。二〇一二年までに、無人機攻撃によって一五〇〇人から二六〇〇人の戦闘員が殺害されたという報告書もあったが、さらなる調査の結果、二〇一四年までに合計数は二四〇〇人近くと推定された。一般に優先順位の高い標的は、武装勢力による攻撃を画策した者、即席爆発装置（ＩＥＤ）組み立ての専門知識を持つ者、兵站《へいたん》支援を提供または手配した人員、そして集まった個々の戦士らであった。

こうした攻勢によって、反乱志望者たちが当該組織に加入するのを思いとどまらせ、すでに組織に所属している者にも逃亡するよう説得することができるかもしれない。元タリバーン指導者の一

図9　カリフォルニア上空を飛行する米国のプレデター無人機（2012年）
2012年、カリフォルニア南部の砂漠上空を飛行する米国のプレデター無人機。武装無人機は、テロリストや犯罪者の暗殺を行うための一般的な、しかし非常に物議を醸す兵器となった。

人が認めたように、「アメリカの作戦は非常に効果的である。夜襲、空爆、そして地上攻勢……私も殺されるだろうと恐れていた」。いうまでもなく、こうした告白は、尋問する人間の聞きたがっていることを話すという捕虜たちの傾向によるものかもしれない。また、このような陳述は当該期間中の武装勢力による暴力行為の実際の増減、およびその理由と比較検討されなければならない。たとえば期待に反して、二〇一三年頃に防衛コンサルティング会社RAND研究所と米国防総省の刊行した報告書が示していたのは、標的殺害作戦が協調して実施されていたにもかかわらず、テロリズムの世界的な隆盛であった。標的殺害は、テロ・反乱事件の増減に直接は影響しないのかもしれない。その発生件数は多くの場合、派閥間闘争の再発や、武装集団の避難先への撤退および再武装・再編を許した周辺国からの支援、そして反乱側による反撃の政治的・季節的タイミングなど、他の要因が関係している。標的殺害によって達成しうるのは、状況によっては「芝刈り」にすぎないかもしれない。それでも、それがこちらの望むこと、あるいはこちらにできることのすべてなのかもしれない。

標的殺害の有効性

標的殺害は、斬首がうまくいかない状況や、対象となる組織の完全な崩壊が望ましくない場合に役立ちうる。斬首は、中央集権化された敵に対して最も有効であるが、現代のテロリストや反乱集団の多くは分散化している。つまり、単一の頭を持たないのである。むしろ一匹一匹の「ヘビ」が、いくつもの頭を持っている。その上、主要人物が殺害または拘束されたときに中間層の指導者が迅速に交替できるよう用意しておき、指導者の斬首に適応する方法を見出した集団もある。たとえばハマスは、長年にわたるイスラエルの攻撃で指導者数人が抹殺されてきたが、いずれの場合も組織力は一時的に衰えたにすぎず、第二層の指導者が昇格して空白を埋めると回復した。同様に、かつて政府当局者はイラクのアルカイダが壊滅したも同然であると信じていたが、アルカイダ支持者のなかには、とくに「イスラム国」（または「ダーイシュ」、「イラク・シリアのイスラム国〈ISIS〉」、「イラク・レバントのイスラム国〈ISIL〉」とも知られる）など、他の組織に移籍した者もいたのである。こうした事例では、他の戦略や政策を練るまでの間、国家は標的殺害によってそれら組織に圧力をかけ続け、その行動を制限することができる。

斬首も標的殺害も、ある組織を必ずしも永久に葬り去るわけではない。とはいえ両戦略とも、その組織の力を一時的に衰えさせることは可能である。実際に大半の研究が示すところでは、指導部の交替は暴力的であろうとなかろうと、組織のパフォーマンスを低下させる。指導部の交替が続けば、長期的には集団の没落に寄与するようである。これは組織が正規軍の部隊であろうと非正規のギャングであろうと当てはまる。戦争に犠牲はつきものであるから、大半の組織では、ある程度の抗堪《こうたん》性を内包しているか、あるいは十分な時間を与えられればそれを発達させるものである。したがって斬首と標的殺害は、一時的な解決策としてのみならず、短期間に好機をすばやく活かす解決策ともみなすべきである。その好機が発生しない場合はたいてい、時間との戦いのなかで疲弊戦略と消耗戦略が競い合う結末になる。

マキアヴェリが鋭く指摘したように、長期的な成功を収めるには、指導者と側近らを殺害するだけでは不十分な場合も多いであろう。生き延びた者たちはおそらく、外国の影響下にある体制は何であれ転覆させることに利益を見出す可能性が高い。マキアヴェリの見解はある意味、米国主導の有志連合がバース党とともにイラクの中央集権的な権威構造を解体した二〇〇三年に裏付けられた。同時にマキアヴェリの主張は、文脈から外れて用いられやすい。彼は斬首による征服のみならず、それ以降に征服を維持管理することにも言及していた。このように彼の主張は、体制変革の余波を制御することに関連したものである。これは体制変革などの政治目標に係る主要な問題であり、政策立案者や軍事戦略家が事前に考慮しなければならないことである。チリのピノチェト将軍の遺産が示すように、体制変革が結果的により好ましい平和を導くとは限らない。

ある組織を崩壊させるという観点からすれば、斬首は、敵の軍隊に戦闘を止めるよう実際に命令できる人物または集団を権力の座から取り除いてしまうという明白なリスクを冒すことになる。たとえるならば、敵がヘビでなくタコであるとして、頭を体から切り離すことはたしかにできるかもしれないが、個々の足や触手は依然として大きな被害を与えうるということである。たとえ触手のうち一本だけでも大量破壊兵器を起爆しおおせたとすれば、それだけで政権の退陣を強いるほどの物理的・精神的ダメージを与えうる。そのような状況下では、斬首戦略を追求するのは逆効果であろう。

標的殺害の有効性を低下させ、その実行を政治的により難しくするため、武装集団は非戦闘員を人間の盾として使うことができるよう人口密集地へ移動しようとするかもしれない。そうした対抗策によって、攻撃側の情報収集の確度を高める圧力が高まり、おそらく標的攻撃の頻度とタイミングが制限されるであろう。仮に付随的損害がほとんど、あるいはまったく発生しなかったとしても、敵対集団はそれが発生したとする巧みな情報作戦に乗り出すかもしれない。そうした理由などから、そのような作戦には高度に訓練された人員と最新の装備が必要となる。徴集兵では、いかに意欲があっても必要技能を欠いている可能性が比較的高いからである。

成功要因

標的殺害戦略の成功は、消耗戦略と同じ要因に多く依存する。定量分析では、進捗（またはその逆）を正確に捉えられないかもしれない。いかなる戦略についてもいえることだが、敵集団の基本的な強みと弱み、そしてその指導部の継承順位に関する信頼性の高い情報が不可欠である。また敵が多くの問題に対処しなければならないよう、いつでも可能な限り複数の戦略、あるいは多層的な戦略を用いることも役立つ。たとえば敵対集団のあいだに分裂を生じさせるための外交・情報作戦と併用して、斬首戦略を用いることを検討してもよいかもしれない。さらにこれらの戦略を、その集団の生命線を切断ないしは阻害する消耗戦略と組み合わせることもできる。賄賂によって協力を得られる集団もあれば、他の方法で説得することのできる集団もある。

つまり、いかなる戦略についてもいえるように、斬首と標的殺害の有用性は、それらがいかなる条件のもとに用いられるか、そして我方が何を達成しようと望むか次第である。ある紛争の根本的な原因に対処することが常に望ましいわけではないし、可能であるとも限らない。よくあることだが、恒久的な解決に達する意志や手段をこちらが欠いている場合、これはとくに当てはまる。

そのような状況下では、武装集団の活動を一時的に阻害するか、あるいはその全体的な機能を低下させるのが、できることや望みうることのすべてかもしれない。また斬首と標的殺害は、敵のみならず国内の聴衆へも「メッセージ」を送ることにより、政策目的に資することもある。（たしかに、暴力の応酬を助長するだけかもしれないが）報復を求める大衆の声に応えることもできる。信頼性の高い情報があれば、いずれの戦略も相手の攻撃の機先を制するか、あるいは敵対勢力による核開発計画など望ましくない展開を遅延させることができる。また斬首と標的殺害は、もしかすると困難な状況の解決能力により優れているかもしれない新たな同盟国やパートナーが参加できるよう、我方の戦略的状況が変化するまで時間を稼ぐこともできる。しかし時間稼ぎを選択すること、そうして問題を解決するのでなく回避することが、克服しがたい習慣になってしまうという、実に現実的なリスクが存在するのである。

第7章　サイバー・パワーと軍事戦略

二〇一二年、米国防長官レオン・パネッタは、サイバー空間が「新たなるフロンティア」であり、戦争の「新たなる地勢」であると宣言した。こうした発言をしたのは彼が初めてではない。むしろ彼の発言は、普段は変化を受容するのが最後になる連邦官僚でさえ、現代戦におけるデジタル通信とインターネットの力を認識するようになったということの表れであった。武力紛争や軍事戦略におけるサイバー・パワーの適切な役割については、たしかに多くの論争があった。しかし明らかなことは、敵対勢力の戦う意志と能力を削ぐのに役立つ有効な手段をサイバー・パワーが提供してくれるということである。その事実のみをとっても、サイバー・パワーは軍事戦略家にとって重要な存在となる。今日いかなる軍事力の行使であれ、サイバー・パワーの行使をともなう可能性が非常に高い。残念ながらサイバー・パワーは、しばしば「サイバー戦争」という、より論争を招く用語と混同される。サイバー・パワーとは、サイバー空間内で比較的安全に活動する能力として定義してよいであろう。対照的にサイバー戦争ないしサイバー戦とは、他者に物質的あるいは精神的損害を与え、よって我方《わがほう》の望みどおりに行動を強制するために、デジタル「コード」を用いることを一般に指す。しかしながら、サイバー攻撃は大した人的被害や物理的損害を与えることができないため、サイバー戦争自体が不可能であり、その用語を使う者はただ誇張に興じているのだと主張する専門家もいる。

サイバー戦争が起こるのか、あるいは実際すでに起こったのか、あるいはそれが起こるとすればいかなるものなのか、専門家らのあいだで意見が食い違っている。国家と非国家主体の両方を巻き込む無数の「サイバー戦闘」が絶え間なく発生しているといわれているにもかかわらず、この論争は続いている。そのため核兵器の登場と同様に、サイバー空間の出現によって、我々は軍事戦略の基本的概念を見直し、それを修正する必要があるかどうか検討することになったのである。

1 サイバー戦争

米国家安全保障会議の元・対テロ主席顧問リチャード・クラーク著『サイバー戦争』(二〇一〇年)のような本は、アメリカの中枢インフラに対するサイバー攻撃が、アルマゲドン的な大事件を引き起こしうると主張して世間を騒がせた。評論家らはすぐさま、クラークの主張の大半が誤りであると証明した。しかしながら、多忙な政策立案者の注意を引くためであれ、他の理由であれ、サイバー戦争の脅威を煽《あお》り立てる風潮は続いた。二〇一二年一〇月、米国内でサイバー「真珠湾」が起こりつつあるという可能性に言及した際、レオン・パネッタは同じ類の修辞的誇張の罪を犯していた。

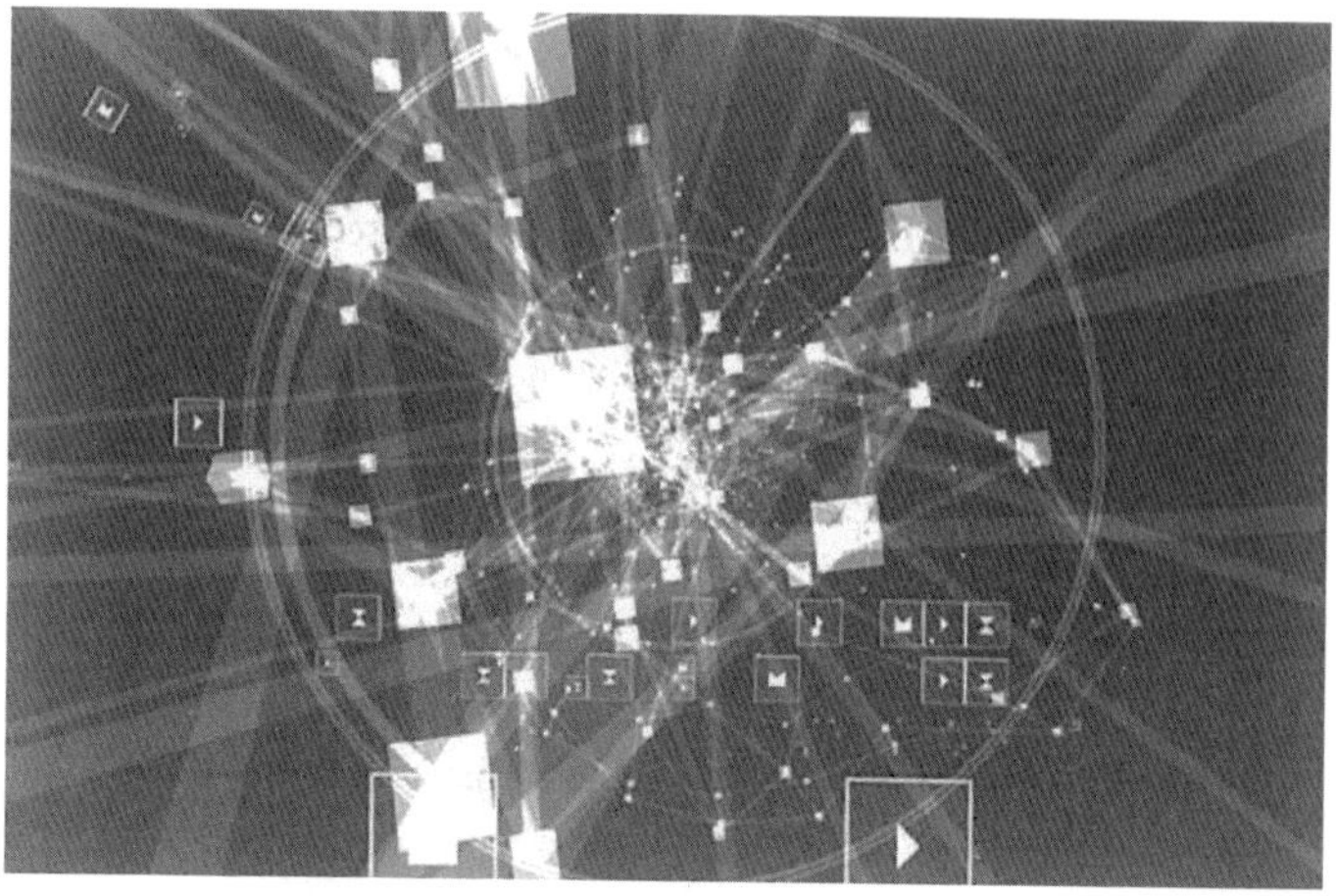

図10　サイバー空間における戦争

このサイバー空間における戦争のイラストは、米国防高等研究計画局（DARPA）のプロジェクトXで開発されたシリーズの1つで、サイバー戦士がデジタル世界における戦争を思い描くのに役立ち、彼らがより優れたサイバー作戦を企画できるようにするものである。

彼の言葉はサイバー・セキュリティ強化の必要性について注意喚起を図ったものであったが、いとも簡単にその文脈から外れて用いられ、しかもサイバー侵入の脅威の信憑性を一部損なう格好となってしまった。

二〇一四年一月、米国家情報長官ジェームズ・クラッパーは、修辞的誇張の落とし穴を避けて、「政府の必須機能、産業と通商、保健医療、社会的コミュニケーション、そして個人情報」のデジタル・ネットワークへの急速な移行と相まって、インターネット上インフラのセキュリティへの信頼こそが、米国のサイバー脆弱《ぜいじゃく》性の真の根源であるという正確な報告をした。一八ヵ月後、この所見が正しかったと証明された。米国人事管理局が、セキュリティが破られて米国政府職員およそ四〇〇万人分の機密情報を盗まれたと認めたのである。総じて米国市民とアメリカの諜報活動への損害は、実際に何らかの解決が可能であったとしても、その修復に何十億ドルも費やした。同時に、市民の個人情報を保護する米国政府の能力に対する信頼は大きく傷つき、そちらはそう簡単には修復されなかった。

実際のところ、一般にやや漠然と「サイバー戦争」と呼ばれているものは、三つ巴《どもえ》の競争となっている。すなわち、①非常に魅力的な標的となる重要なデータおよび機能のオンライン・ネットワークへの急速な移行、②ネットワーク保護のため現在進行形で悪戦苦闘しているサイバー・セキュリティ・システムの活動、そして、③犯罪者であれスパイであれ、それらセキュリティ対策を破る方法を見つけ出すサイバー攻撃者の執拗《しつよう》な企てである。残念ながらこの力学は、サイバー戦争という用語にまつわる誇張のなかで見失われてしまいがちである。

その誇張を払拭するのに尽力してきた専門家もいるが、彼らの努力は、なぜサイバー戦争が実際の戦争と異なるのかを説明することに重点を置いてきた。限定的な物理的損害と、あるとしても非常に少ない人的被害のほか、サイバー作戦が何か引き起こしたことを示す証拠はほとんどない、と彼らは正しく指摘している。サイバー攻撃によって「アルマゲドン」的な、あるいは真珠湾的な事件をもたらすことは不可能に近いというのがサイバー空間の現実である、とも主張している。

さらなる制約は、サイバー空間で帰属《アトリビューション》を確定すること、つまり誰が攻撃を行ったのかを確実に判定することの難しさである。たとえば、米国人事管理局に対する攻撃は中国国内からのものであったかもしれないが、そこで活動しているサイバー犯罪者によって行われたのか、それとも中国政府の工作員《エージェント》によってであろうか。外国のエージェントはどの程度まで、そしてどこから関与していたのであろうか。理論上、攻撃を確実に帰属させることができなければ、誰でもその功績を主張する(または非難を受ける)ことがありえ、よって真の攻撃者がそこから政治的価値や影響力を得る余地がさらに少なくなる。そうすると暗に、サイバー攻撃を特定の犯人または犯行集団に帰属させることができないために、政治手段としてのサイバー戦争の有用性と魅力は低下するはずである。しかし実際には、その逆が真のようである。

サイバー戦争は、人々の個人識別番号(PIN)が盗まれるときや、銀行取引がサービス拒否攻撃によって妨害されるときなど、それがサイバー攻撃によって可能であろうとなかろうと、物理的・金融的な損害に関して限定的であると示唆する専門家もいる。それよりもサイバー戦争は、サイバー空間を通じて可能となる情報操作との関係が深いのである。そのような操作によって政治的言説、消費者のバイアスおよび習慣、社会的規範、集団的帰属意識《アイデンティティ》、そして文化的価値観の形成が容易となる。一言でいえば真のサイバー戦争とは、「インターネットの自由に関する政治経済学」と一部の研究者が呼ぶものである。この意味でサイバー戦争は、オンライン・ネットワークを通じて伝達される言葉と画像の力でアイデアを伝えて思考に影響するプロセス、あるいはそれをめぐる戦いである。

たしかに各国政府は、サイバー空間の発明されるはるか以前から、そうしたプロパガンダ戦争ないし言論戦を戦っていたし、将来的にサイバー空間が他の何かに取って代わられたとしても、そのような闘争は発生し続けるだろう。とはいえサイバー空間は、そのプロセスを加速させ、激化させている。同時に、サイバー戦争を単にそのような戦略的コミュニケーションの戦いとみなしてしまえば、厖大《ぼうだい》な量の機密情報が盗まれ利用された場合にもたらされうる物質的・精神的被害を見落とすことになる。その利用法には、敵対勢力に対する強制的・抑止的影響力を得るべく機密情報を「人質」にとることと、一言でいえばサイバー強制も含まれる。

その上、サイバー戦争が「本当の戦争」であるか否かという議論では、本質的な問題は戦争ではなく力《パワー》であるという決定的な点が見落とされている。サイバー・パワーとは、サイバー空間内において比較的安全にデータを移動し諸機能を果たす能力であり、方法は異なるにせよ、この能力は伝統的な軍事力と同じく、政策手段として役立ちうる。それが犯罪目的にも利用されうるということは、実質的に国家のいかなる類の力についても同様に当てはまることであり、無用の区別である。なんらかのサイバー競争が敵対する利益の間で発生していることは明らかなため、重要なのはサイバー戦争が発生しているか否かではない。それより重要なのは、機密情報と統治機構の核心的機能を保護できるだけのサイバー・パワーを持っているかどうか、そして逆に敵のサイバー・パワーを阻害ないし低下させるか、あるいは少なくとも敵にその脅威を与えることができるかどうかである。サイバー戦略は本質的に、サイバー・パワーの防御的および攻撃的側面の両方を管理するものであり、サイバー・リソースの利用のみに限定されるものでもない。サイバー・パワーが用いられるときはいつでも、他の形態の国力や情報収集も関係してくる。たとえば、帰属（攻撃者の特定）はサイバー捜査によってのみ行われるのではなく、それ以外の形式による情報収集から裏付けられる。

その上、政治学理論が何を仮定していようと、強制力や抑止力の行使において帰属が常に不可欠であったわけではない。国家元首らは毛沢東からウラジーミル・プーチンまで、多くの軍事力乱用について、自分の手柄とするか、あるいは責任を負わせられてきた。はたして現場の事実がそうした主張を支持できるほど明確であったか否かはともかく、その主張によって彼らはたしかに恩恵を受けてきた。実際、いかに一時的なものであっても、政治的価値は多様に生じ、「拝借する」ことすらできる。中国国共内戦中、毛沢東はまさにそれを行った。彼とその共産党は、侵略してくる日本に対して成功した反撃はすべて自らの手柄としつつ、同時に蔣介石の国民党が怠惰かつ無能であると批判した。まさにプーチンがウクライナの紛争において行ったように、クーデターや暴動からも、その責任を否定しながら政治的価値を引き出すことができる。

サイバー・パワーにより、とくに「グレーゾーン」戦争として一部のアナリストが言及するような、他者の反応閾値《いきち》未満で発生する紛争において、そうした政治的価値をかつてなく迅速に利用することが可能となる。帰属は盗まれることや否定されることもあり、真実が明るみに出るときには(仮にそうなったとしても)、もはや重要ではないかもしれない。よってサイバー・パワーは、他種の軍事力と同じく決定的に重要であり、そうしたさまざまな種類の軍事力と組み合わせて用いられることで、相乗効果を発揮しうる。

2 サイバー・パワー

サイバー・パワーは特異な性質を有するため、アナリストたちはその戦略的考察に最も適した類推《アナロジー》や枠組みを見出そうと奮闘してきた。エア・パワーやシー・パワーの比喩を提案した者もいるし、核戦争にたとえた者もいるし、生物兵器と比較した者までいる。実際、「ホスト」「ウイルス」「汚染」などの生物学用語が、すでにサイバー用語へ移ってきた。他方で、生物製剤にプログラムを組み込むことはまだ不可能であり、デジタルコードのようにデータを操作したり機械に命令を与えたりすることはまだできない。サイバー空間は、物理的および仮想的な構成要素から成る。前者は端末、連結点《ノード》、電線管《コンジット》を含み、後者はアクセス、操作、そしてデータ表現をともなう。仮想的構成要素は、物理的構成要素のようには物理法則の影響を受けず、同様に時間、距離、地勢、そして天候の要因もそれぞれ無関係である。いかなるコンピュータ・システムも、他のいずれからでもほんの数秒で到達されうる。ネットワーク接続性と安定した電力供給が不可欠であり、それがなければ仮想的構成要素は存在しなくなり、物理的構成要素も無用の長物となる。

クラウゼヴィッツが述べたように、戦争には独自の文法ないし作動原理が存在するが、独自の論理はない。サイバー・パワーは、他の領域とは異なる軍事的文法に従う。たとえば地球上どこからでも、標的国内からでさえ、攻撃を行うことができる。単一のコードを用いて、複数の目標を、指定した時間に、特定の期間、兵站《へいたん》需要を生じさせることなく、あるいは必ずしも自らの正体を明かすことなく、攻撃することができる。目標以外のシステムを意図せず汚染して広範な付随的損害を生み出してしまうことはあるが、他の種類の軍事力とは異なり、サイバー・パワーは滅多に人的被害を出さないという政治的メリットがある。この領域においては攻撃側が明らかに防御側よりも有利であるが、実際はサイバー防衛（重大情報のセキュリティ維持）の方がより重要である。実際にサイバー防衛は、用いられるパワーの種類にかかわらず、あらゆる種類の軍事作戦に不可欠である。

その上、サイバー戦術の基本原理は一つの領域のみならず、あらゆる領域から取り入れられている。たとえば、攻撃者を偽サイトに誘い込んでその情報を集めるハニーポット・トラップ、改竄《かいざん》データを搭載したデジタル・デコイ、遠隔操作の「ボットネット」（ロボット・ネットワーク）、IPアドレスおよびシグネチャの識別法、裏口侵入テクニック、トロイの木馬、フィッシング工作、およびスピアフィッシング攻撃、そして汚染されたリンクや電子メールの送信などである。よって全体としてみると、サイバー・パワーは他の種類のパワーと安易な類推を行うには適していない。その上、そのような類推を用いれば、おそらくサイバー戦略の策定に誤った影響を与えるであろう。

3　サイバー戦略

サイバー戦略とは単純に、サイバー空間において我方の重大情報と必須機能を保護しつつ、敵対者の同様の能力を阻害ないし減退するよう、サイバー・パワー（とその他の資源）を管理することである。現実的に、サイバー戦略には三つの基本的能力が必要となる。すなわち、①データへのアクセスを拒否する能力、②干渉とデータ収集の能力、そして、③データを操作する能力である。

拒否

拒否とは、金融取引、エネルギー生産および輸送、情報収集、または日常的な通信など、重大な情報や活動へのアクセスを拒絶することを指す。典型的には、「分散型サービス妨害（DDoS）」攻撃などの策略をともなう。しかしそれはまた、米財務省によって行われているアルカイダ、北朝鮮、イラン、イラク、シリアなど「ならず者」たちの財政孤立化のように、政策と電子ブラックリストを組み合わせる場合もある。それらの国や組織と取引を行っている銀行や金融組織はすべて「テロリズムの支持者・協力者」と認定され、それらのIPアドレスは米国の金融システムへのアクセスを拒否されることがある。この種の政策的拒否がサイバー・パワーにより容易となったことで、ならず者国家やテロ組織が活動資金の調達および移動を行うのは困難となった。

他方で、サイバー空間は依然として犯罪者やテロリストが活動を行い、同志を募るためのコミュニケーション手段を提供している。幸い、より優れた捜査・鑑識手法のおかげで、そうしてインターネットを利用することのリスクもゼロではない。しかも一部のサイバー専門家の主張に反して、民衆の心に恐怖を与えて政治的変化を誘発するほどの大きな規模で、国家の重要インフラに対するサービス拒否攻撃を行うことは困難である。渡航禁止や金融資産凍結など、外国の権力者層や個別企業に対する選択的制裁措置は、またある種の拒否である。しかしながら、ある個人の資産すべてが実際に凍結されたかどうか、あるいは気づかぬうちに付随的損害が発生したかどうかが明らかであるとは限らないため、そうした措置の有効性には議論の余地がある。

干渉

干渉とは、サイバー通信とデータストレージに潜入して盗聴や情報収集、つまりは諜報活動を行うことを指す。サイバー諜報活動とは単純に、他のコンピュータ・システムまたはネットワークにアクセスして機密情報を不法に取得することである。サイバー諜報活動の例としては、二〇一五年の米国人事管理局への攻撃や、二〇〇三年から数年にわたって米国防総省、国務省、国土安全保障省を標的として行われた「タイタン・レイン」攻撃などがある。これらの攻撃は、中国のコンピュータ（ただし必ずしも中国人とは限らない）から発信され、可能な限りの米国政府職員の個人情報を盗み、そしてその個人情報を使って他の機密ネットワークへのさらなるアクセスを得るという意図が明白であった。

操作

操作とは、あるシステムを妨害ないし阻害して「クラッシュ」させるか、または意図されているものとは異なる結果を出させることを指す。サイバー操作を行う一般的な方法の一つは、マルウェア（他のシステムに広がっていく悪意的なコードまたはウイルス）によるものである。敵のシステムを操作することは、それを破壊するよりもメリットが大きいこともあるが、絶好の瞬間が訪れるまで発見されずにいる必要がある。イランのナタンズ核施設において多数のコンピュータ・システムを無力化した、いわゆるスタックスネット・ウイルスは、この種のサイバー妨害の一例である。阻害とは、あるシステムの管理や権限を蝕《むしば》むことを指す。サイバー空間とソーシャル・メディアによって革命運動は勢いを得やすくなったが、国家元首の側がその運動の勢いに対応し、抑制する能力もまた強化されたのである。

また、操作によって経済・金融戦も容易となりうる。経済戦とは、物とサービスの統制をめぐる争いである。金融戦とは、ある経済、とくに生産と分配の根底にある信用と通貨の支配をめぐる闘いである。金融戦の目的は、物の価格設定、為替レート設定、資本形成、リスク管理など、基本的な金融活動を行う敵の能力を阻害することである。そうした活動がなければ、経済はすぐに立ちゆかなくなってしまうであろう。

経済・金融戦は、敵にも味方にも用いられうる。一九五六年一一月、米国大統領ドワイト・アイゼンハワーは、英仏によるスエズ運河占領を撤回させるために一種の金融戦を用いた。アイゼンハワーは、米国が保有する多額のポンド・スターリング公債を放出すると脅し、ポンドを強化するための貸付金を国際通貨基金（ＩＭＦ）がイギリスに提供するのを阻止するよう米財務省に命じた。こうしてイギリスは、通貨の切り下げという苦難を避けるため、スエズから撤退することを余儀なくされた。

サイバー・パワーによって、そのような金融戦争は一九五〇年代よりもはるかに速いペースで発生しうるようになる。またそれによって現代の「通貨戦争」、つまり各国政府が市場プロセスを操作して通貨価値の増減に影響を与えるか、貿易赤字の改善や輸出の促進を試みるときに発生する切り下げ競争をも加速させる。


要するに、サイバー戦争の発生如何《いかん》にかかわらず、サイバー・パワーは軍事戦略に不可欠なものとなったのである。専門家らが警告するように、帰属問題のためにサイバー・パワーの抑止力や強制力には限界があり、「受け入れがたいコスト」を仮想敵国に与えると脅すこともできないかもしれない。しかしサイバー・パワーは、他のさまざまな戦略を円滑に遂行できるようになる戦力倍加《フォース・マルチ》手段《プライヤー》である。一部の専門家によれば、サイバー・パワーは軍拡競争や有事のシナリオ立案において一層重要となるであろう。したがって、他者よりも強大なサイバー能力を有する側は、おそらく同盟や連合のパートナーとしてより一層魅力的になるであろう。

　帰属の立証が困難であることから、いくつかの点では政治学の理論に反して、サイバー・パワーの政治手段としての有用性は下がるのではなく、上がるのかもしれない。匿名性の結果として、強制力のあるルールが確立されるまで、サイバー戦闘の絶え間なく荒れ狂う「万人の万人に対する闘い」のサイバー世界に大半の人々が直面するであろう。それでも、これら戦闘の大多数は、多くの当事者の反応閾値未満で発生するであろう。そうした状況から、敵の安全保障態勢や世論の信頼を弱体化させるよう徐々に、しかし執拗に機密情報を窃取することを意図する軍事戦略がさらに登場してくるであろう。そのようなアプローチによって、いかなる大戦略をも強化することができるかもしれない。

第8章　軍事戦略の成否を分けるものとは？

かつて孫子は断じた。至高の軍事戦略家とは、戦わずして勝つ者であると。「故に善く兵を用うる者は、人の兵を屈するも而も戦うに非ざるなり。人の城を抜くも而も攻むるに非ざるなり。人の国を毀《やぶ》るも而も久しきに非ざるなり（戦に通ずる者は、戦わずして敵軍を制圧する。攻撃することなく敵の都市を占領し、作戦を長引かせることなく敵国を転覆させる）」（書き下しは金谷治訳注『新訂 孫子』岩波書店）。しかし一般に、軍事戦略の営みが四方八方で誤判断や誤算、過失に満ちているということには専門家の多くが同意するであろう。孫子の思い描いた理想の戦略家とは、実に稀有《けう》なものである。軍指揮官が比類なき技量を有していても、攻撃の相手、対象物、時間、場所、方法について望みどおりに実行する完全な権限を持っていないことが多い。理想の戦略を実行するための適切な手段が、手元に十分あるとも限らない。むしろ典型的に発生する状況は、偶然と不確実性に特徴づけられた環境下で、相対する陣営が勝利を追求すべく最善を尽くすということである。二〇世紀フランスの将軍で軍事理論家であったアンドレ・ボーフルが、このように互いの勝利への期待が衝突することを、戦略の弁証法［ここでは相対する両者の相互作用を指す］と称したのは適切であろう。相手方との押しつ押されつの弁証法を通じて戦略はすっかり変容してしまうかもしれず、ひどく判然としない結果が生じうる。よって孫子の称賛するような理想の結果はほぼ間違いなく、起こるとしても滅多に起こらないのである。

現実世界における数多《あまた》の制約に鑑み、軍事戦略家はいかにして失敗の可能性を低く抑えつつ、成功の見込みを高めるべきであろうか。

1　軍事戦略の成功要因とは？

数多の理論が、戦略の成功や失敗の理由を説明している。しかし結局、成功する軍事戦略とは単純に、うまくいく戦略である。戦争において確実なものなど何もないが、戦争において何ものも運任せにすべきではない。適切な段階《ステップ》をすべて踏んだとしても勝利が保証されるわけではないが、そうすることによって我方《わがほう》の勝算を高めることはできる。

ある戦略を成功させるために生じる無数の課題のうち、起こるべき順番はまったく厳密でなく、またいくつかは同時に起こりうるが、以下の四つが際立って重要である。第一の課題は、敵の強みと弱みについて批判的評価を行い、それに対して自身の強みと弱みを対抗させることである。それは完全に客観的な総合評価であるべきで、新情報の入手や戦況の変化にともない更新していかなければならない。孫子が忠告したように、「敵を知り、己を知れば百戦殆《あや》うからず」。そして、「敵を知らずして己を知れば一勝一敗す。敵を知らず己を知らざれば戦う毎に殆うし」。

第二に、この総合評価は、我方の望みを達するに十分なほど敵を弱体化させるような行動方針を練るための基準として活用すべきである。そのような評価のうち記録に残っている最古の例の一つは、中世の聖職者で文筆家であったジェラルド・オブ・ウェールズによって一一九四年にまとめられたものである。それは経済戦と集中的な軍事圧力、そして「分断統治」的な戦略に脆弱《ぜいじゃく》であったウェールズ人の特定の文化的習慣から、農村部の地勢から得られる戦術的優位、諸氏族の気質や性格まで、ウェールズ人の強みと弱みを綴《つづ》ったものである。一二七六〜一二七七年の戦争においてイングランド王エドワード一世は、ジェラルドの概説したものに近い計画に沿って、ウェールズの征服に成功したといわれている。

第三に、国家元首は、望ましい戦略を立案および実施するのに必要なレベルの知識と能力を備えた軍指揮官を選定しなければならない。適切な指揮官を見つけるには時間がかかることもある。米国大統領エイブラハム・リンカンは将軍を六人も解任してからようやく、南軍を着実に撃破して戦争を終結させられる者としてユリシーズ・S・グラントを見出した。英国首相ウィンストン・チャーチルは、ドイツ陸軍の名高い「砂漠の狐」エルヴィン・ロンメルを打ち破るため、将軍を三回交代させたのちにようやくバーナード・L・モントゴメリーを見出した。歴史家らの指摘にあるように、おそらく戦略よりも戦略家のほうが重要である。というのも我方の戦略をいつ、どのように修正すべきかが分かる知恵が必要であり、この資質が成功を左右するからである。つまり、それを指揮する戦略家の手腕がよくなければ、いかなる戦略の遂行も失敗に終わる可能性が高い。

よって敵の戦略家についての正確な知識は、我方が行う評価の核心に触れるものである。ギリシャの歴史家ポリビュオスが述べたように、「将軍にとって、敵の指導原理や性格に関する知識より価値のあるものはない。そうでないと考える者はみな盲目かつ愚鈍である」。ポリビュオスが念頭に置いていたのは、ローマ軍指揮官の数人を打ち破るために彼らの主な人格的特徴を利用したハンニバルであった。

ポリビュオスの忠告は、現代戦の条件下でも当てはまる。トランプのように、自分の手札を扱うのと同じぐらい、相手とやりあうことが肝要なのである。古代の将軍たちは主にスパイを通じて、そして捕虜や地域住民を尋問することによって、敵に関する情報を得ていた。今日、敵の指導者に関する知識はスパイのみならず、電子盗聴、衛星画像、サイバースパイ活動など、より高度に技術的な情報収集および拡散の手段によっても得られる。

情報はしばしば不完全であり、時には組織的圧力によって歪《ゆが》められているものの、国家元首であれ部族の長であれ、敵（と味方）に関してできる限り多くのことを明らかにしておくのは必須事項である。敵の指揮官に関する知識が重要であるだけでなく、その人物の指揮下にある戦力の特徴、つまり士気や闘志、装備の質や量、そして基本戦術や戦い方に関する情報も重要である。

第四に、すべてをまとめあげるため、包括的かつ首尾一貫した戦争計画が必要である。戦争計画とは戦略の実践面であり、政策目的とその達成のための軍事力行使との間の実際の連結部である。ここで、戦略の構成要素が影響してくる。戦争計画によって軍事目標を確立し、作戦範囲を設定し、特定の指揮官らに任務と副任務を割り当て、それから指揮官らにその遂行責任を求め、そして計画遂行の邪魔とならないよう対処すべき詳細事項を特定する。一八六四年一二月、米国のウィリアム・T・シャーマン将軍のアトランタ進軍においてそうであったように、戦争計画や作戦計画は直接的かつ残酷でもありうるし、あるいは一九四〇年、ヒトラーのフランス征服に際してエーリッヒ・フォン・マンシュタイン将軍が策定した計画のように、間接的だが単純でもありうる。

これらの例は、方向性の根本的な違いを示してもいる。つまりシャーマンの作戦は地勢に、マンシュタインの作戦は敵部隊に向けられたものであった。都市、補給所、要塞、輸送拠点など「戦域の決定点」の支配（または無力化）を追求するという点で、前者はジョミニ的性格の作戦であるといえる。一方の対戦力アプローチは、クラウゼヴィッツのそれにたとえることができる。彼が研究するよう勧めていたのは、戦闘や交戦、それらの勝利に何を費やすか、そして交戦の結果をいかに戦争目的のため活かせるかであった。いずれの方向性も、完全に相互排他的であるわけではない。

軍事戦略とは、敵軍を撃破するために武装して戦場を前進していくという以上に、はるかに大きなものであるということが、もはや明らかなはずである。それには目的、方法、手段、リスクのみならず、潜在的には別個の二つの任務、すなわち敵の戦う能力を削ぐことと、戦争目的を達することとの間のバランスをとる、巧みな技量が必要となる。

これら任務のため、こちらの努力が反対方向へ二分されていってしまうことはよくある。つまり軍指揮官らは第一の任務（敵戦力の破壊）を追求し、政治指導者らは第二の任務（戦争目的の達成）とコストの抑制に注意を向ける。軍事戦略家は、敵の抵抗が十分に挫《くじ》かれるようにしなければならず、さもなければ戦争が長引くかもしれない。しかし、とくに事態の趨勢《すうせい》によって予期せぬ機会が生じるにともない、最大限の柔軟性を望みがちな政策立案者らが抱く、より広範な懸案事項を受け入れられるようにそれを行わなければならない。そうした突発的な機会は魅力的かもしれないが、それを追求するために当初の目標を捨て去ることが賢明であるとは限らない。歴史上、傲慢や強欲にそそのかされたか、自らの軍事力によって達しうる限界を超えた目標をつかみとろうと、軽率な試みに出た国家元首や将軍の例には事欠かない。たとえばナポレオンとヒトラーの両者は、とくにロシアへの侵攻という運命的な決断において、「帝国の過剰拡大」とも呼ばれる罪を犯した。他方で、めぐってきた機会を活かし損ねれば、もしかすると紛争の長期化やその失敗を招き、より大きな損失につながることもある。

2　軍事戦略の失敗要因とは？

いうまでもなく軍事戦略は、成功に不可欠な要素、すなわち客観的評価、盤石の行動方針、熟達した軍指揮官、そしてすべてをまとめあげるだけの一貫性のある戦争計画など、そのいくつかに欠けていれば失敗する。第二次世界大戦中、ドイツと日本はそれぞれ有能な指揮官と規律の行き届いた軍隊を有していたが、彼らのイデオロギーに内在していた人種的バイアスや嫌悪と結びついた傲慢さのため、客観的評価を行うことが困難になっていた。結果、ドイツと日本の軍事戦略や作戦計画は、自軍が征服および保持しうる範囲（とその限界）についての誤った想定と、甚大な損害を受けても戦い続けるソ連と西欧民主主義諸国の意志についての過小評価に基づいていた。

戦略的失敗の原因は、戦略や戦争計画の遂行がいかなるものであれ本来的に難しいからであるという評論家もいる。たしかに偶発的摩擦、天候、誤報、誤解、官僚的惰性、離反、反逆、そして似たような不運などの諸要因によって、さもなければ賢明であったはずの計画が瓦解したり、作戦が失敗したりすることがある。クラウゼヴィッツが指摘したように「戦争においては、すべてが単純である。しかし、最も単純なものでさえ難しい」。とはいえ、こうした要因は双方に影響するものであり、責任ある軍事立案者ならば誰でも考慮に入れるであろう。それらの要因によって成功が困難になるかもしれないが、失敗が確実となるわけでもない。

それよりも実際には、さらに大きな要因が勝敗を左右している。なぜ失敗したかを説明する精緻な理論や長ったらしいリストを専門家らは差し出すだろうが、軍事戦略の失敗する最大の理由は、抵抗を続けることが明らかに自己破滅的であるにもかかわらず、相手方が譲歩を拒むことにあるのである。抵抗を継続することにより、期待される利益を上回るまで紛争のコストを上昇させて敵内部に政治的分裂や幻滅を生じさせ、ことによると結局は敵の決意を削りきってしまうこともある。よって成功の鍵となる変数は、相手方の抵抗の意志と、その意志の強さと、そしてその理由である。問題は、自らの長期的利益を台無しにすることなく、利用可能な資源と行動方針をもって、その意志を挫くか、あるいは説き伏せることができるかということである。時として、それは達成不可能である。

戦略の弁証法は、物々交換のプロセスに似て、多くの場合は明確な勝者や敗者を出すことなく、しかし各自がその犠牲を正当化して勝利を主張できるだけの何かを獲得して終わりを迎える。抑止のように、攻撃を思いとどまらせることが目的となる「疑似互恵的な」状況において果てしなく続くかもしれない軍事戦略もある。他方で斬首のように、当初の交戦事由にかかわらず、結局は両者をより良好な関係に導いて利益をもたらすかもしれない軍事戦略もある。さらに標的殺害のように、それ以上のことをする手段や意志がいずれの当事者にもないために持続しうる軍事戦略もある。一方の当事者は単に、対処可能な脅威ならば、完全に消し去ってしまうよりも手近においておくことに政治的利益を見出すかもしれない。よって、「(勝つのはどちらか一方のみであるから)あらゆる戦略のうち半分は失敗するはずである」という一般仮定がいつでも当てはまるとは限らないのである。戦争も戦略も、必ずしもゼロ和ゲームではない。武力紛争が交渉による解決に終わることも多い。しかし物事を俯瞰《ふかん》的に見れば、そうした交渉による協定は、一時の平和を生み出すにすぎないかもしれない。

訳者解説

日本人にも、軍事戦略について理解を深めるべき時が来ている。日本において戦争といえば、一般に連想されるのは七〇年以上前の太平洋戦争であろうし、それは日本が率先的な役割を演じた戦争であったから、こちらが望まない以上は戦争など遠い世界の他人事である、という潜在意識が現代の日本では広く根付いているのではないだろうか。しかし国際政治における武力紛争は、単に我々が平和を望むからといって常に回避しうるものではない。ペロポネソス戦争中アテネに滅ぼされたミロス島の人々も、争いを望まず中立を貫いていた。朝鮮半島の人々も有史以来、彼ら自身が望むと望まざるとにかかわらず、中国、日本、米国など大国の狭間で安全保障上の難題を抱えてきた。また、軍事戦略は公然の戦争状態においてのみ必要とされるものでもない。武力紛争は明確な宣戦布告によって始まるばかりでなく、ロシアのクリミア併合でのように、戦時と平時の境界はむしろ曖昧《あいまい》になりつつある。今、国力の相対的な衰退期に入った日本も、国際政治の軍事的側面についてより注意深くあらねばならない。

本書は、そのニーズに応える入門書である。戦史や戦略思想に関する著作はしばしば、ともすれば緻密《ちみつ》な理論や詳細な歴史に深く踏み込むあまり、全体像が見えにくくなってしまう。そこで本書は、軍事戦略を明確に類型化して分析することで、軍事戦略という複雑極まる事象について一二〇頁足らず（原書）で概説するという荒技を披露している。各個の軍事戦略の理論的争点や歴史的背景を押さえつつ、玉虫色の様相を呈する軍事戦略の「営み」の総体を概観することで、さらなる考察や探求への足掛かりとなろう。

戦略学は日本では一般に馴染《なじ》みのない学問だが、欧米の大学やシンクタンクでは特に第一次世界大戦後に国際関係論が勃興《ぼっこう》して以来、冷戦期を通じて非常に盛んであった。一般市民を巻き込んだ世界大戦の経験と、国民すべてが人質となる核兵器の登場により、軍事的安全保障に関する人々の問題意識が高まったことの表れであろう。

冷戦後の世界では、とくに二つの潮流が生じてきた。一つは、国家を基本単位とした軍事的安全保障を軽視する傾向である。冷戦下では、米ソ間の純軍事的な戦略バランスと相互抑止の安定性をいかに維持するかが議論の中心であった。しかしソ連崩壊後の米国一極世界においては、軍事的手段をもってする国家安全保障ではなく、自由主義諸国の協調によって国際秩序を推進すべきであるという見方が広がった。国際関係論において力《パワー》の役割を重視する現実主義《リアリズム》の求心力が落ちる一方で、伝統的な「戦略学（strategic studies）」もより広い「安全保障論（security studies）」にとって代わられ、「環境安全保障」や「人間の安全保障」など新たな安全保障アジェンダが注目を集めた。このなかで、イラクによる明確な侵略行為が認められた湾岸戦争（一九九〇〜一九九一年）はさておき、二〇〇三年のイラク侵攻における米国の一国行動主義と先制攻撃論（いわゆる「ブッシュ・ドクトリン」）が大きな批判を受けたのも自然な流れであった。

二つ目の潮流は、多様な「新戦争」論が登場してきたことである。国家間で正規軍同士のぶつかる従来型の戦争ではなく、ゲリラ、犯罪組織、テロリスト集団など非国家主体が当事者となる「低烈度の紛争（low-intensity conflict）」が重要性を増しているという指摘が頻繁に聞かれるようになった。[*1] たとえば、グローバル化のなかで脱国家的ネットワークを利用する「第四世代型戦争（Fourth Generation War: 4GW）」の時代を迎えたという議論は、9・11以降、米国が中東で泥沼の対反乱戦を戦うなかで注目を集めた。[*2] また、情報通信などの分野における技術革新を利用する「軍事における革命（Revolution in Military Affairs: RMA）」や米軍の「トランスフォーメーション」論も多くの議論を呼んだ。[*3] 先進的なC4ISR能力により「戦場の霧」や「摩擦」といった制約を最小化し、より高いレベルで複数の作戦領域間での連携および統合作戦を可能とする。[*4] これにより、かつてなく迅速かつ柔軟な軍の指揮統制が可能となるという「ネットワーク中心の戦い（Network-Centric Warfare: NCW）」などの概念も考案された。[*5] これらの新説に共有されていた問題意識は、クラウゼヴィッツに象徴される従来の戦略思想が少なくとも部分的には時代遅れになりつつあるのではないかということであった。

このような安全保障論の潮流に対し、本書の立ち位置とはいかなるものであろうか。

本書の著者アントゥーリオ・エチェヴァリア（Antulio J. Echevarria II）は、米陸軍大学戦略研究所（Strategic Studies Institute, U.S. Army War College）に所属する研究者である。一九八一年から二〇年以上にわたる米陸軍での勤務経験を有し、またプリンストン大学で博士号（歴史学）を取得して戦史研究を行ってきたという、軍事戦略について実務・学術の両面から造詣の深い論客である。多数の著書・論文のなかで多岐にわたるテーマを扱っているが、『クラウゼヴィッツと現代戦』や、『アメリカ的戦争の再考――独立革命からアフガニスタンまで』など、西洋戦略思想の変遷に関する研究でとくに著名である。[*6] またそこから得られる示唆を敷衍《ふえん》し、現代戦の議論にも積極的であることは本書でも随所にみられよう。

クラウゼヴィッツの古典思想に根差したエチェヴァリアの論調は保守的といえる。「軍事戦略論」と題する本書は、当然ながら戦略の軍事的側面に焦点を当てている。しかし著者自身も認めるように、「軍事力が単独で行使されることはほとんどない。通常は、ある程度の外交力、情報力、経済力、金融力と併用されるものである」（二二頁）から、より広く戦略を考察する際には注意を要する。たとえば、北朝鮮は国内体制を保全するため外的脅威への抑止力として核兵器および長距離ミサイルの開発という軍事的解決策を追求してきたのに対し、日米韓などの対応は外交交渉や経済制裁を中心としつつミサイル防衛などの軍事手段を含むものである。我々の安全保障上の命題が「国家の安全」のみならず「国際秩序の維持」や「人権の尊重」、「地球環境の保全」などを含むよう拡大したとすれば、あらゆる力の形態のうち、軍事力の役割を相対的に位置づけて検討しなければならない。

また上述の「新戦争」論に対して、エチェヴァリアは文化や科学技術の変化に左右されない、戦略の本質ともいうべきものの連続性を強調する。[*7] 用いられる手段とは無関係に、戦争には暴力性、不確実性、偶然性、摩擦、相互性、そしてエスカレーションの傾向が内在しており、それらを政治（*Politik*）と調和させなければならない。たとえばエチェヴァリアは4GWの概念に批判的で、情報・技術・金融のグローバル化の影響はたしかに生じているものの、戦争の様相とは複数の変化が同時並行的に進むものであり、単に「世代」の移り変わりとして表現しうるものではないとする。[*8]つまりグローバル化の力を利用した戦術の変化が、戦略を根本的に変容させるわけではないという。同様に、米軍が先進的なC4ISR能力を駆使してアフガニスタンにおける軍事作戦を成功に導いたとされる「アフガン・モデル」についても、それが普遍的に適用可能であるかについては慎重な姿勢である。[*9]そして米国に固有の「アメリカ的戦争」なるものの存在に疑義を呈しつつ、戦術的勝利が戦略的成功を導くという前提に基づいた「アメリカ的戦闘」のアプローチにも懐疑的な立場をとっている。[*10]つまり「戦争は他の手段による政治の継続」にすぎないため、単なる戦場における軍事的勝利にとどまらず、それを政治的勝利へと変換する戦略の必要性を強調するのである。軍事的手段に終始する議論では、戦略たりえない。

エチェヴァリアは本書でもそのテーマを重ねて強調している。我方の目的を達成するまで敵の戦う意志と能力を削る、という戦略の定義は、戦争を継続的な政治的交渉の過程とみなすクラウゼヴィッツ的発想に基づく。「軍事戦略の失敗する最大の理由は、抵抗を続けることが明らかに自己破滅的であるにもかかわらず、相手方が譲歩を拒むことにある」という本書の結論も、軍事的敗北を相手に認めさせて我方の政治的勝利へと変換する必要性を強調するものである。非国家主体の存在感が高まり、先進的な情報通信技術や精密誘導兵器によって今日の軍の在り方も変容しつつあるが、そうした変化の範囲と程度を見極め、政治目的の達成のため戦略に資するかたちで包含されなければならない。

エチェヴァリアの論調は保守的であるといったが、現代の日本の安全保障を考察する上でも興味深い示唆を与えてくれる。というのも少なくとも北東アジア地域に限っていえば、伝統的な国家主体の軍事的安全保障が依然として中心的な位置を占めているからである。テロや標的殺害といった非正規的な手法や、環境や移民などの「新たな安全保障アジェンダ」よりも、中国の軍事的近代化や北朝鮮の核・ミサイル開発などハイエンドな安全保障課題に注目が集まっていることは言うに及ばないであろう。

日本は今、「安全保障ルネサンス」を迎えているという者もいる。[*11] 一方では中国が飛躍的な経済的・軍事的成長を遂げて新たな超大国ないしは潜在的な覇権国になろうとしており、北朝鮮の核・ミサイル能力も運用段階に入りつつあるなど、日本を取り巻く外的環境の現実がある。それに呼応して国内政治も、たとえば平和安全法制の整備に際して集団的自衛権などを争点として紛糾した。実際、二〇一八年一二月に発表された新たな防衛計画の大綱（三〇大綱）は、日本の主権と独立を「主体的・自主的な努力によって守る体制を抜本的に強化し、自らが果たし得る役割の拡大を図っていく」という方針を掲げている。[*12] 具体的には島嶼《とうしょ》部の防衛のための機動展開能力や水陸両用作戦能力、弾道ミサイル防衛（ＢＭＤ）能力、また宇宙やサイバーといった新領域における活動能力などが拡充されつつある。[*13]

しかし、日本の安全保障政策には依然として多くの政治的な制約（constraint）と自制（restraint）がある。たとえば防衛関連支出は、防衛省の二〇一九年度予算案で総額5兆円を超えて過去最高額となったが、従来からの「GDP比一パーセント」の割合に大きな変化はない。国際比較データのある二〇一八年では、日本の防衛予算はGDP比〇・九三パーセントであり、米国の三・一四パーセントや中国の一・二五パーセントと比べて低い水準に保たれていることがわかる。[*14]「GDP比の一パーセント以内に防衛費を抑えるという考え方はない」とする安倍政権の発足以降、日本の防衛費は増額され続けているが、大きな飛躍があるわけではない。また日米同盟と、それに付随して戦後受け継がれてきた専守防衛や非核三原則など日本の防衛政策の基軸も基本的には変わらない。周辺国の活発な軍事的近代化に対して純粋に軍事力のバランスを保全するとの観点からすれば、さらに大規模な増勢が正当化されうるかもしれないが、日本において政治的な抑制が実効性をもっていることが見て取れる。戦争が政治の継続であるとすれば、軍事が政治を逸脱しないよう細心の注意を払うことも重要な美徳である。

そもそも国際政治における安全保障とは、ただ自らの軍事力を最大化すればよいという単純なものではない。米国の国際政治学者ロバート・ジャービス（Robert Jervis）が示したように、潜在的な侵略者に対しては相応の軍事力を拮抗させて攻撃を防止するという「抑止モデル」の解決策は、もう一方の「スパイラル・モデル」においては最悪の結末となりかねない。すなわち、仮に双方とも純粋に自衛的な意図を持っていたとしても、軍事的競争は相互の不信感から「安全保障のジレンマ」を生じさせ、究極的には武力紛争に至る。[*15] かといって一方的に軍拡を続ける相手への対応を怠れば、ナチス・ドイツに対する融和政策のように、抑止の失敗により悲劇的な結果を招きうる。この二つのモデルの間でバランスをとるのは軍事的考慮にとどまらない高度に政治的な問題であり、「政治の優越」というテーマは強調してもしすぎることはない。

また本書の内容から省みれば、日本が軍事的には限られた主導権しか発揮しえないことが浮き彫りとなろう。専守防衛と日米同盟を基軸とする日本の軍事戦略は、概して二段階から成る。第一段階では、米国の提供する拡大核抑止（つまり大量の報復攻撃能力をもって行う懲罰的抑止）と、在日米軍および自衛隊の対処能力（つまり敵の戦略目標の達成を挫《くじ》くことによる拒否的抑止）によって、日本に対する主権侵害行為を未然に防止する。第二段階は抑止が失敗した場合で、敵の第一撃に持ちこたえて前衛基地を維持しつつ、米軍の来援を待つというものである。敵に積極的に働きかける強制的な要素が抜け落ちていることが明らかであろう。仮に抑止が失敗して大規模な武力紛争へとエスカレートした場合、その政治的な終着点をどこに求めるかは不明確である。日本が専守防衛を全うするとすれば、自然、攻撃を担う米国が主導して終着点を決定することになる。たとえば朝鮮半島において武力紛争が発生した場合、北朝鮮の国内体制存続を許容するか否か、半島の非核化をどこまで追求するか、中国にどのような譲歩を行うかなど、紛争後の秩序の再形成過程において日本がどれほどの影響力を行使できるかが問題となろう。この意味で有事の際、「包括的かつ首尾一貫した戦争計画」（一四三頁）の設定が課題となりはしないか、日本がどこまで主導権を握るべきなのか、率直な検討が必要になっている。

ところで日本の防衛政策も、複数領域の統合作戦能力により重点を置くようになってきた。米軍の「トランスフォーメーション」がやや遅れてトリクルダウンしてきたともいえる。たとえば三〇大綱は、陸・海・空という従来の作戦領域に宇宙・サイバー・電磁波という新領域を加え、これらにおける能力を連携させることで高効率化を図るという「多次元統合防衛力」構想を打ち出した。実際、陸海空自衛隊の提供する戦力を運用する「フォース・ユーザー」としての統合幕僚監部の設置（二〇〇六年）やサイバー防衛隊の新編（二〇一四年）などが行われ、統合防空ミサイル防衛の議論も進みつつある。複数領域間の連携により各個の合計よりも大きな効果を発揮しうる統合作戦能力は、財政・軍事資源の限られた日本にとって魅力的な可能性を提供してくれる。

しかし軍事戦略の議論は軍事的手段にとどまらず、あくまで政治目的を見据えた大戦略的な文脈のなかで行われるべきであることを、エチェヴァリアは忠告し続けるのである。

最後になるが、本書は「シリーズ戦争学入門」の第一弾として刊行されている。本シリーズを監修する防衛研究所戦史研究センター長の石津朋之氏、原稿を通読して有益な示唆を余すところなく提供して下さった同僚であり先輩の塚本勝也氏、そして原稿を往復するなかで数多《あまた》の的確な助言を下さった創元社の堂本誠二氏には、この場を借りて御礼申し上げたい。なお、ここで述べた内容は訳者の個人的見解であり、訳者の所属する防衛省および防衛研究所の見解を代表するものではない。

前田祐司

[注]

＊1 Martin Van Creveld, Transformation of War (Free Press, 1991); John Mueller, *The Remnants of War* (New York, NY: Cornell University Press, 2004); Mary Kaldor, *New and Old Wars*, 3rd ed. (Cambridge: Polity Press, 2012).

＊2 第一世代はナポレオン戦争までのマンパワー主体の戦争、第二世代は第一次世界大戦でピークに達した火力の集中を重視する戦争、そして第三世代は第二次世界大戦で登場した機動戦中心の戦争をそれぞれ指す。William S. Lind, John F. Schmitt, Keith Nightingale, Joseph W. Sutton, and Gary I. Wilson, "The Changing Face of War: Into the Fourth Generation", *Marine Corps Gazette* (October 1989), pp. 22-26; Tim Benbow, "Irresistible Force or Immoveable Object? The 'Revolution in Military Affairs' and Asymmetric Warfare" in *Defense & Security Analysis,* Vol. 25, No. 1 (March 2009), pp. 21-36.

＊3 Donald H. Rumsfeld, "Transforming the Military" in *Foreign Affairs*, Vol. 81, No. 3 (May-June 2002), pp. 20-32; Eliot A. Cohen, "Change and Transformation in Military Affairs" in *Journal of Strategic Studies*, Vol. 27, No. 3 (2004), pp. 395-407; Max Boot, *War Made New: Technology, Warfare, and the Course of History, 1500 to Today* (London: Penguin, 2006); Bernard Fook Weng Loo "Decisive Battle, Victory and the Revolution in Military Affairs" in *Journal of Strategic Studies*, Vol. 32, No. 4 (April 2009), pp. 189-212; Dima Adamsky and Kjell Inge Bjerga, "Introduction to the Information-Technology Revolution in Military Affairs" in Journal of Strategic Studies, Vol. 33, No. 4 (2010), pp. 463-468; Stephen Peter Rosen, "The Impact of the Office of Net Assessment on the American Military in the Matter of the Revolution in Military Affairs" in *Journal of Strategic Studies*, Vol. 33, No. 4 (August 2010), pp. 469-482.

＊4 C4ISRとは、Command, Control, Communications, Computers, Intelligence, Surveillance and Reconnaissanceの総称。指揮統制のための偵察・情報・通信能力などを指す。William A. Owens, "The American Revolution in Military Affairs" in *Joint Forces Quarterly*, Vol. 10 (Winter 1995-96), pp. 37-38; *Lifting the Fog of War* (New York, NY: Farrar, Strauss, and Giroux, 2000).

＊5 Arthur K. Cebrowski and John J. Garstka, "Network-Centric Warfare: Its Origins and Future" in *U.S. Naval Institute*

Proceedings, Vol. 124, No. 1 (Jan 1998); Arthur K. Cebrowski, "Network-Centric Warfare: An Emerging Military Response to the Information Age", paper presented at the 1999 Command and Control Research and Technology Symposium (29 June, 1999).

＊6 Antulio J. Echevarria, *Clausewitz and Contemporary War* (Oxford: Oxford University Press, 2007); *Reconsidering the American Way of War: US Military Practice from the Revolution to Afghanistan* (Washington, DC: Georgetown University Press, 2014).

＊7 Antulio J. Echevarria, "War, Politics, and RMA – The Legacy of Clausewitz" in *Joint Forces Quarterly* (Winter 1995-96), pp. 76-82.

＊8 Antulio J. Echevarria, *Fourth Generation War and Other Myths* (Carlisle, PA: Strategic Studies Institute, 2005).

＊9 「アフガン・モデル」とは、大規模な陸上戦力ではなく比較的少数の特殊部隊を送り込み、精密な航空支援を提供して友好的な現地勢力と連携することで、我方へのリスクを最低限に抑えつつ敵を制圧するという手法を指す。下記文献に詳しい。Stephen Biddle, "Allies, Airpower, and Modern Warfare: The Afghan Model in Afghanistan and Iraq", *International Security*, Vol. 30, No. 3 (2006), pp. 161-176.

＊10 Antulio J. Echevarria, Toward an American Way of War (Carlisle, PA: Strategic Studies Institute, 2004); "American Strategic Culture: Problems and Prospects" in Hew Strachan and Sibylle Scheipers, eds., *The Changing Character of War* (Oxford: Oxford University Press, 2011), pp. 431-445; *Reconsidering the American Way of War, ibid.*; Lawrence Freedman, "Review Essay: Reconsidering the American Way of War; The Direction of War" in *Foreign Affairs* (Nov/Dec 2014), p. 189.

＊11 Andrew L. Oros, *Japan's Security Renaissance: New Policies and Politics for the Twenty-first-century* (New York, NY: Columbia University Press, 2017).

＊12 『平成三一年度以降に係る防衛計画の大綱について』、二〇一八年一二月一八日、一頁。

＊13 防衛省『防衛白書　平成三〇年度版　日本の防衛』を参照。

*14 International Institute for Strategic Studies, The Military Balance 2019, pp. 513-515. なおストックホルム国際平和研究所（SIPRI）の二〇一八年度国別軍事支出データベースではGDP比は日本〇・九パーセント、米国三・二パーセント、中国一・九パーセントとなっており、とくに中国の数字について差異がある点に留意されたい。

*15 Robert Jervis, *Perception and Misperception in International Politics* (Princeton, NJ: Princeton University Press, 1976); "Cooperation under the Security Dilemma" in *World Politics*, Vol. 30, No. 2 (Jan 1976), pp. 167-214.

参考文献

プロローグ

米国側とベトナム側の大佐らの会話については、下記文献を参照。

Harry G. Summers Jr., *A Critical Analysis of the Vietnam War* (Novato, CA: Presidio, 1995), preface.

第1章　軍事戦略とは何か？

クラウゼヴィッツの戦略の定義については、

Carl von Clausewitz, *On War*, translated by Michael and Peter Paret (Princeton, NJ: Princeton University Press, 1986), 177. ［カール・フォン・クラウゼヴィッツ著／清水多吉訳『戦争論』中公文庫、二〇〇一年］

ジョミニの戦略の定義については、

Antoine Henri Jomini, *The Art of War*, translated by G. H. Mendell and W. P. Craighill (1862; repr., Westport, CT: Greenwood, 1971), 62. ［アントワーヌ・アンリ・ジョミニ著／佐藤徳太郎訳『戦争概論』、中公文庫、二〇〇一年］

リデルハートの戦略の定義については、

B. H. Liddell Hart, *Strategy* (New York: Praeger, 1967), 321–28. ［B・H・リデルハート著／市川良一訳『戦略論』原書房、二〇一〇年］

第2章　殲滅と攪乱

レノー宰相のスピーチの抜粋は、下記を参照。

http://www.foreignaffairs.com/articles/70021/hamilton-fish-armstrong/the-downfall-of-france.

ゲリラ戦に関するヘンリー・キッシンジャーの所見については、

Henry Kissinger, "The Vietnam Negotiations," *Foreign Affairs* 47, no. 2 (January 1969): 212.

リデルハートの間接的アプローチに関する説明は、下記を参照。

Basil H. Liddell Hart, *Strategy* (New York: Praeger, 1967), 321.〔B・H・リデルハート著／市川良一訳『戦略論』原書房、二〇一〇年〕

第3章　消耗と疲弊

ローズヴェルト大統領の一般教書演説（1943年）については、

Gerhard Peters and John T. Woolley, *The American Presidency Project* at http://www.presidency.ucsb.edu/ws/?pid=16386.

スターク提督の引用は、下記を参照。

H. P. Willmott, *Empires in the Balance: Japanese and Allied Pacific Strategies to April* 1942 (Annapolis, MD: Naval Institute Press, 1982), 84.

山本長官の引用は、下記を参照。

Ronald Spector, *Eagle against the Sun: The American War with Japan* (New York: Vintage, 1985), 64–65.〔ロナルド・H・スペクター著／毎日新聞外信グループ訳『鷲と太陽——太平洋戦争 勝利と敗北の全貌』、阪急コミュニケーションズ、一九八五年〕

米国のベトナム戦争参加に関するギャロップ世論調査は、下記を参照。
http://www.gallup.com/vault/191828/gallup-vault-hawks-doves-vietnam.aspx?g_source=vietnam, and at US&g_medium=search&g_campaign=tiles.

第４章　抑止と強制

抑止に関するヘンリー・キッシンジャーの論評については、
Henry Kissinger, *Diplomacy* (New York: Simon & Shuster, 1994), 608.［ヘンリー・A・キッシンジャー著／岡崎久彦訳『外交』日本経済新聞社、一九九六年］

シェリングの「非道なる外交」への言及については、
Thomas C. Schelling, *Arms and Influence* (New Haven, CT: Yale University Press, 1966), 2.［トマス・C・シェリング著／斎藤剛訳『軍備と影響力——核兵器と駆け引きの論理』勁草書房、二〇一八年］

第５章　テロとテロリズム

爆撃の心理的効果に関するヒュー・トレンチャードの論評については、
Anon., "Bombing Germany: General Trenchard's Report of Operations of British Airmen against German Cities," *New York Times Current History*, April 1919, 151–56.

ゲリラ戦におけるテロの有用性に関する毛沢東の所見については、
Mao Tse-tung, "Report of an Investigation into the Peasant Movement in Hunan," in *Selected Works of Mao Tse-tung*, vol. 1 (London: International Publishers, 1954), 27.

テロの非生産的な性質に関するチェ・ゲバラの論評については、

Jon Lee Anderson, *Che Guevara: A Revolutionary Life*, rev. ed. (New York: Grove, 1997), 448.
テロの効用に関するレーニンの論評については、
V. I. Lenin, "The Lessons of the Moscow Uprising" (1906), in *Lenin: Collected Works*, vol. 11 (Moscow: Progress, 1965), 176.

第7章　サイバー・パワーと軍事戦略

サイバー空間に関するレオン・パネッタ国防長官の論評については、
Leon E. Panetta, "Defending the Nation from Cyber Attack," delivered on October 11, 2012, Business Executives for National Security, New York.

※原書に収録されている「推奨文献リスト」は、弊社ウェブサイト内の『軍事戦略入門』紹介ページでご覧になれます。
『軍事戦略入門』紹介ページ（https://www.sogensha.co.jp/productlist/detail?id=4053）

スターリン、ヨシフ 59
スタックスネット・ウイルス 137
ストラテジア（strategia） 14
スレッサー、ジョン・「ジャック」 89
政治戦 73
正戦論 114
接近阻止・領域拒否（A2AD） 73
戦争の原則 20
センデロ・ルミノソ（輝ける道） 104, 110, 115
戦闘力 49
「掃討・確保・構築」作戦 65
孫子 12, 26, 27, 140, 141

た・な行

大戦略の定義 14
中央情報局（CIA） 99, 116, 117, 120
直接抑止 69
ディエンビエンフーの戦い（1954年） 58, 59
デューガン、マイケル 118, 119
電撃戦 27, 35, 39
ドイツ空軍 50, 63
ドゥーエ、ジュリオ 89
トレンチャード、ヒュー 89-91
ナポレオン、ボナパルト 31-33, 59, 145

は行

バスク祖国と自由（ETA） 87, 103
パネッタ、レオン 127, 128
ハマス 86, 112, 113, 123
ハンニバル、バルカ 28-31, 42, 47, 143
ヒトラー、アドルフ 59, 67, 68, 75, 93, 144
封鎖戦略 57, 58
プーチン、ウラジーミル 132
フォコ 99
フセイン、サダム 81, 118
フランス侵攻（1940年） 36
ブロディ、バーナード 70
ボイド、ジョン・R 38, 39
ボーフル、アンドレ 140
ポリビュオス（ギリシアの歴史家） 143

ま行

マキアヴェリ、ニッコロ 13, 107, 124
マクシムス、ファビウス 47
マック将軍 31
ミッチェル、ウィリアム・「ビリー」 89
ミロシェヴィッチ、スロボダン 82
ミン、ホー・チ 41, 61, 88, 97
無人機（ドローン） 121, 122
毛沢東 60, 70, 88, 96-98, 133
「目的・方法・手段」モデル 16, 17

や・ら・わ行

山本五十六 53
ライカ、アーサー・F・J 16
ランチェスター、フレデリック 51
ランド・パワー 19, 82
リデルハート、ベイジル・H 12, 41-44
レーニン、ウラジーミル 88, 96
ローズヴェルト、フランクリン・D 46
ロス・セタス 109
ワーデン、ジョン 119, 120
ワーデンの5リングモデル 119, 120
ワシントン、ジョージ 61

索　引

あ行

アイゼンハワー、ドワイト・D　70, 138
アイルランド共和国軍（IRA）　87, 103
アギナルド、エミリオ　115
アメリカ自由人権協会（ACLU）　114
アルカイダ　87, 103, 111, 123
イスラム国　123
一般抑止　69
ウェルズ、H・G　91
ウルム戦役（1805年）　31-33
エアロ・パワー　89
エアロスペース・パワー　19
英空軍戦闘機軍団　48, 50, 63
オスグッド、ロバート・E　78, 79
OODAループ　36, 38, 39

か行

カーン、ハーマン　76
拡大抑止　69
カストロ、フィデル　98, 117
ガルーラ、ダヴィデ　100
カンナエの戦い（紀元前216年）　26, 28-31, 41
キッシンジャー、ヘンリー　40, 74
強制外交　68, 81, 84
緊急抑止　69
金融戦　137, 138
クラーク、リチャード　128
クラウゼヴィッツ、カール・フォン　12, 56, 58, 77, 81, 120, 134, 144, 146, 150
クラッパー、ジェームズ　129
クルディスタン労働者党　111, 115
軍事戦略の定義　11
軍事戦略の特徴　14
軍事力　19, 134
軍事力行使権限承認法　114
経済戦　57, 137, 142
ゲバラ、チェ　88, 97, 98
ゲリラ戦争　60
攻囲戦略　58, 59
国連憲章第51条　114
コロンビア革命軍（FARC）　87, 103

さ行

サイバー・パワー　24, 132-135
サイバー戦争　128-133
サイバー戦略の構成要素　135-138
ザップ、ヴォー・グエン　58
サマーズ、ハリー・G、ジュニア　9
シー・パワー　19
シェリング、トマス・C　79-80
将軍の知恵（ストラテゴン・ソフィア）　14
将軍の知識（ストリテジク・エピステーメ）　14
衝撃と畏怖（Shock and Awe）　95
焦土戦略　59
ジョミニ、アントワーヌ＝アンリ　12
スーステル、ジャック　86, 104
スターク、ハロルド・R　52

●著者

アントゥリオ・エチェヴァリア（Antulio J. Echevarria II）

米陸軍大学教授、同戦略研究所国家安全保障部長。博士（近代欧州史、プリンストン大学）。米軍士官学校准教授、オックスフォード大学客員研究員などを経て現職。著書に『クラウゼヴィッツと現代戦』、『アメリカ的戦争の再考――独立革命からアフガニスタンまで』など。

●訳者

前田祐司（まえだ・ゆうじ）

防衛省防衛研究所、研究員。米バージニア大政治学博士候補。近著に「現代戦と核の影――ウクライナ戦争と台湾有事における核の盾の比較考察」菊地茂雄・杉浦康之編著『新たなる戦争の諸相――ウクライナ戦争の教訓と米中対峙の行方』（防衛研究所、2025年）、「大戦略の漂流――冷戦後アメリカの大戦略と対中政策」佐橋亮・鈴木一人編『バイデンのアメリカ――その世界観と外交』（東京大学出版会、2022年）など。

●シリーズ監修

石津朋之（いしづ・ともゆき）

防衛省防衛研究所戦史研究センター国際紛争史研究室主任研究官。著書・訳書：『戦争学原論』（筑摩書房）、『大戦略の哲人たち』（日本経済新聞出版社）、『リデルハートとリベラルな戦争観』（中央公論新社）、『クラウゼヴィッツと「戦争論」』（共編著、彩流社）、『戦略論』（監訳、勁草書房）など多数。

シリーズ戦争学入門

軍事《ぐんじ》戦略《せんりゃく》入門《にゅうもん》

2019年12月10日　第1版第1刷発行
2025年5月20日　第1版第4刷発行

著　者……………………………………………
アントゥリオ・エチェヴァリア
訳　者……………………………………………
前田祐司
発行者……………………………………………
矢部敬一
発行所……………………………………………
株式会社創元社
https://www.sogensha.co.jp/
〒541-0047 大阪市中央区淡路町4-3-6
Tel.06-6231-9010㈹
印刷所……………………………………………
株式会社フジプラス

ISBN978-4-422-30075-7 C0331